倡导自由探究

鼓励学术争鸣

活跃学术氛围

促进原始创新

新观点新学说学术沙龙文集 ⑩⑧

地面无人机动平台技术未来发展趋势

中国科协学会学术部　编

中国科学技术出版社

·北　京·

图书在版编目（CIP）数据

地面无人机动平台技术未来发展趋势 / 中国科协学会学术部编 .
—北京：中国科学技术出版社，2016.8
新观点新学说学术沙龙文集⑩
ISBN 978-7-5046-7199-8

Ⅰ . ①地…　Ⅱ . ①中…　Ⅲ . ①无人驾驶飞机—研究　Ⅳ . ① V279

中国版本图书馆 CIP 数据核字（2016）第 164889 号

选题策划	赵　晖
责任编辑	夏凤金
责任校对	刘洪岩
责任印制	张建农

出　　版	中国科学技术出版社
发　　行	科学普及出版社发行部
地　　址	北京市海淀区中关村南大街 16 号
邮　　编	100081
发行电话	010-62103130
传　　真	010-62179148
投稿电话	010-62103182
网　　址	http：//www.cspbooks.com.cn

开　　本	787mm×1092mm　1/16
字　　数	180 千字
印　　张	7.75
版　　次	2016 年 7 月第 1 版
印　　次	2016 年 7 月第 1 次印刷
印　　刷	北京长宁印刷有限公司

书　　号	ISBN 978-7-5046-7199-8/V · 72
定　　价	18.00 元

前　言

地面无人平台在这里通称地面无人驾驶车辆。它既包括地面军用机动平台和地面民用机动平台，也包括各种不同形式的移动机构，如轮式、履带式和腿式。军用地面无人机动平台在其领域面临的任务多种多样，需要具备下列基本功能：①大范围移动（至少要有行驶一定距离的机动能力）；②全天候，在雨天、雪天、雾天等各种恶劣天气中进行昼夜行驶；③适用于复杂的地形地表环境。目前，在世界范围的研究中对于该环境的识别与理解没有实质性的进展和突破，很多情况下需要人的介入；④适应未知的环境。战场环境变化多，无法预先建模。目前地面无人机动平台在对场景的理解和人类认知的感觉、自主行为决策与规划等方面，还远远没有达到人类的水平，包括人类的认知表达以及人类认识操控的经验和知识的学习。要在军事上应用，需要重视人在回路的遥操作技术，现阶段完成真正打击决策和碰到重要问题时还是需要人的参与，这是非常重要的发展理念。

在民用领域，比如说在农业灌溉系统中应用、采摘系统（包括苹果采摘机动平台）以及种植。北斗卫星导航的农业拖拉机实现了无人驾驶耕地，也有地下采矿等应用了无人机动平台。可见无人机动平台的应用领域是很广泛的。此外，特种无人工程系统，尤其是重型装载车辆的无人化发展趋势很快。另外，特种地面无人系统在地外空间也有其应用，包括探月工程中的月球车。小型无人机动平台在反恐领域也有一定的应用。

自动驾驶汽车涉及的很重要的技术就是协同技术，比如说与智能交通信息联通，和汽车智能制造、电商有机地结合；自动驾驶汽车和地面无人机动平台的发展特点和应用环境不一样。自动驾驶汽车分两大方向，一个是自动驾驶技术，另一个是车联网技术。针对这两项技术，世界范围都在特别关注。比如说 IT 行业，如谷歌、百度、乐视、IBM、LG、高德导航等公司，而博世、大陆、电装、德尔福等从事汽车零部件的公司对于自动驾驶汽车也高度关注，这体现了自动驾驶汽车目前发展的一个非常重要的特点，就是跨国企业动作频繁，传统车企和互联网企业争雄，零部件厂商的地位突显，自动驾驶汽车技术应用速度加快。

　　面对地面无人平台的发展，应既要抓好顶层规划设计，同时采用创新思维的发展理念，军民融合，持续开展的包括：①地面无人平台的总体技术；②传感器技术；③高机动行走等关键技术的基础研究工作，加快推动地面无人机动平台装备的发展。

北京理工大学

目　录

主题：

地面无人平台国内外研究进展与未来发展趋势

时间：

2015 年 9 月 23 日上午

地点：

燕岭宾馆南楼二层多功能厅

主持人：

刘尚合

刘尚合：

各位专家、各位同志，今天我们在这里举行中国科协第 108 期新观点新学说学术沙龙。学术沙龙和一般的学术交流会不一样，不需要做长篇大论的报告，但是有主题发言，有自由发言，要求活跃，有碰撞火花！真正按照学术沙龙的要求，大家发言可以提出新原理，新的技术或者新的思维、新的方法。对别人提的问题和看法，你可以提出质疑。希望大家积极发言，能够按照学术沙龙的几个特点进行。首先请北京理工大学陈慧岩教授作主题发言。

地面无人平台国内外研究进展与未来发展趋势

◎ 陈慧岩

这次发言有两个重点内容：一个是军用/特种地面无人系统，以及民用智能汽车的进展与现状；另外一个是地面无人平台关键技术的发展趋势。

这些图片（略）大家都很熟悉，包括国外几个典型的地面无人系统。按不同分类来看，有大型的、小型的，有空投式、水陆式、水陆两栖式以及足式等。从应用领域来看，包括军用和民用，而在民用领域，比如在农业灌溉系统中应用、采摘系统（包括苹果采摘）以及种植，应用领域是很广泛的。另外就是特种无人工程系统，在澳大利亚比较突出，重型装载车辆无人化发展趋势很快。另外还有特种地面无人系统在地外空间的应用，包括我国探月工程中的月球车。在美国以及欧洲大学里也开展了特种地面无人系统相关的竞赛。国内也有报道，运用北斗卫星导航的农业拖拉机实现了无人驾驶耕地，也有地下采矿等应用了无人系统。另外，在反恐及国防领域也有一些侦察及小型无人系统的应用。

按自主等级分类其实说法不一，我这里展示了三种按照自主等级分类的情况。最低的等级为全遥控方式，最高的等级则为达到或超过人类认知水平的完全自主车辆。要达到最高等级，我们期待人工智能的突破，目前研究水平在等级5和等级6之间，即没有认知和理解能力的自动驾驶水平。我认为这些自主等级的划分，也说明了我们在研究、研制、工程应用方面应该有所区分。

下面我总结一下军用地面无人机动平台的基本要求。军用领域战术任务各种各样，但都需要具备下列基本功能：第一个，大范围移动（至少要有行驶一定距离的机动能力）；第二，全天候，在雨天、雪天、雾天等恶劣天气都能昼夜行驶；第三，能适应复杂地形地表环境。目前为止，世界在这方面的技术没有实质性的突破，很多情况下都需要人的介入；第四，未经历的战场环境变化多，无法预先建模，也就不知道对未知环境如何处理。目前地面无人系统对场景的理解以及自主行为决策与规划，还远远没有达到人类的程度，包括人类的认知表达、人类认识操控的经验和知识的学习。

基于上述问题，采用什么样的方式来解决军用无人装备发展的问题？我觉得第一个，从技术上讲，人与机器智能融合，实现人在回路的自动驾驶或者遥操作。参考国外的发展道路，使用无人系统的应用有限目标，和实际开发相结合，在有限目标实现装备，根据技术的不断发展，进行不断地提升。

我举个例子，国外的情况一般是专业公司研制，实用化程度很高，技术成熟以后马上投入应用。比如说国外的一个机器人公司，自动控制系统人工遥控半自主，360°遥控导航的模块，这个技术直接应用到装备上去，这个公司原有的技术在不断发展，装备一个阶段一个阶段提升，不是说技术突破再上装备，这是一种很重要的发展思路，值得我们借鉴。另外还有很多高技术公司，他们的自主导航模块，已经应用到海军陆战队，包括补给前送、伤员的后送、侦察勘探。国外技术的发展和应用是阶段性的。

从军事上应用，需要重视人在回路的遥操作技术，这是非常重要的思想。目前为止美国的无人机系统也在采用这项技术，真正决策打击和关键技术还是人在参与。就无人机动平台来讲，人起着非常重要的作用，因为目前有些技术没有实质性突破。特种地面无人系统面临的问题每个行业都不一样，国外最重要的就是成熟一部分应用一部分，成熟一部分提升一部分。

在民用方面，智能汽车是现在的发展热点，特别是国家自然科学基金委组织六届比赛以后，在网络及电视上的宣传力度非常大。如果对智能汽车分四级，实质上我们现在的水平大概是在二级。到2017年，国外的智能车可能在局部环境中有应用。一会儿我就要讲到，智能汽车和军用差别在什么地方。

智能汽车技术中很重要的就是协同技术，比如说和网络汽车、和智能交通与信息管理及汽车智能制造、电商有机地结合。智能汽车和无人机动平台不能一起去考虑，它们的发展特点和应用环境不一样。智能汽车分两大方向，一个是自动驾驶技术，另一个是车联网技术。全世界都在关注这两项技术。比如说在IT行业，大家都知道谷歌、百度、IBM、LG、高德导航等公司都是信息领域的，还有一些公司是从事零部件制造的，这体现了一个非常重要的特点，就是跨国企业动作频繁，传统车企和互联网企业争雄，零部件厂商的地位凸显。目前传统车厂，包括部件厂，集成一台车相对容易，但是集成一台智能车需要很多先进的部件及系统，这也是我们国家目前从事智能汽车开发的短板。也就是在汽车关键零部件方面，我们存在技术缺失。同时我们也看到一些变化，企业合作联盟出现，产业规模发展迅速。现在联合企业特别多，比如说谷歌充分认识到它的局限性，所以联合采埃孚、大陆、LG、英伟达等公司，在打造无人驾驶汽车，要挑战传统车企；传统车企也正在把互联网企业拉进来，研究互联网的问题，但是这里有一个核心问题，实际上智能汽车的应用依赖现有信息环境，它依赖地图、依赖通信，为什么我刚才说智能汽车在 2017 年有可能在部分环境应用呢，并不是未知环境，是利用了强大的通信和电子地图信息。

国家知识产权局调研和整理分析了全世界在智能车领域里的专利申请情况，我们通过分析可以发现，在智能车领域，在核心部件中日本占的比例比较高；在信息网络里，美国占的比较多。我们国家在信息网络中的专利多数是在信息显示层面，真正在互联网里大量应用的，国内的专利应该说比较少，而且大多是在中国申请的，不具有国际视野。

我再举个例子，比如说电子地图，电子地图有三种类型：一种是高精度定位导航系统，利用差分补偿定位的方式，国内搞智能车研究的也在利用，这部分不适于应用，而且在战场环境下，导航往往被干扰了，或者是局部有遮蔽。简化电子地图匹配定位，这是另一种方式。还有高精度电子地图匹配定位，这个谷歌在做。差分系统利用 3D 信号实现大范围的差分补偿，用较低成本实现高精度定位，劣势就是刚才提到的。简易电子地图匹配，主要是奔驰、奥迪在用，电子地图成本比较低，易于建立，但是在直道中缺乏有效的纵向定位手段，在匝道或路口处需要其他定位方式，这就引出来一个问题，在车联网中，任何一个地点坐标被定位了，每台车都是透明的，这个问题就解决了。这是北京理工大学做的简化电子地图和导航系统匹配的实验，这是在三环做的匹配实验（图略）。这是谷歌公司，用 3D 地图进行匹配（图略），特征明显，具有良好的纵向和横向定位效果，劣势就是 3D 地图的数据量巨大，需要实时更新。

综观前面的介绍，军用方面、特种领域、民用智能汽车技术的现状是什么？第一，环境理解技术还在不断发展，目前还不能满足自主行驶的要求，需要继续开展大量基础理论研究，这个是不可回避的。第二，军用地面无人平台主要采用人机融合与人在环控制技术，智能汽车主要采用网络和电子地图技术，来解决智能汽车的发展，它们采用的途径不一样，因此智能汽车在国内外发展非常迅速。特别是车联网的企业，投入了大量的精力和财力，其主要目的想在这个领域分一杯羹，这是现状。

刘尚合：

陈教授介绍了发展动态和发展趋势，大家自由发言，有问题的随时可以提出来。第二个特邀发言的是崔颢研究员。

总体规划对平台技术的要求

◎ 崔　颢

　　我从事的工作不是具体的平台技术研发工作，而是总体规划工作。我们这几年也做了包括无人机、地面无人系统的一些长远规划，一个很深刻的体会就是，过去从技术管理和技术规划的角度来说，和咱们现在无人平台的快速发展有很大不适应，刚才听了陈教授介绍的发展趋势，从我工作的背景来谈几点体会。

　　第一，咱们的沙龙叫无人机动平台技术，也可以说叫无人系统技术，从它的发展趋势来看，有几点值得关注的地方。第一个就是无人系统技术作为一项颠覆性技术，这几年产生了巨大变化，包括有些概念性的问题，作为军方来讲，一般叫作无人系统或者无人平台。陈教授也说了，从民用技术来讲，更多是用机器人的概念来发展这个技术，这两个有很多相通的地方。我们在做规划的时候，从概念上来说有不同的侧重，在我们系统中，强调的"无人"是把人替代掉，机器人就强调这个东西像人，更类似于人，两个概念有交叉点，在军用上都有应用，直接带来的影响就是我们在做规划的时候，在概念上应该怎么厘清，我们过去沿用的是无人系统无人平台的技术，现在看这个概念本身可能还有一些局限性，这个问题可以通过定位技术来解决，这是一个趋势性的问题。

　　第二，我非常同意刚才陈教授说的，在无人系统技术发展当中，我们应当采取一种什么样的发展模式。我们过去在做规划时，更多地强调按我们过去的装备行走、按时间轴递进发展。后来我们发觉这种方式在某些领域是可以的，但是在整体技术领域发展当中存在一个问题，过分强调了这类装备技术本身的平台特点，而没有体现出它的技术进步的方式。核心的智能水平、自主水平的提升，在我们规划当中没有体现出来，很多专家也给我们提出过这个建议，现在还没有一个很好的解决办法。刚才在陈教授的报告里提到了，我们成熟一部分装备一部分，这是一个很好的思路，但是怎么样成熟一部分装备一部分，把它的递进关系或者提升关系展示出来，好像现在还没有一个明确的技术应用。

第三，有一个问题，在军工领域发展无人系统的时候，个人理解，10 年前甚至在 5 年前，军方在无人系统发展方面应该说是处于领先地位的，但是我觉得随着这几年的技术发展，军方的牵引作用、引导作用正在衰弱，或者说技术的领先在逐步缩小。在这种形势下，采取什么样的方式来推动发挥军方或者军工企业和领域的牵引作用，我觉得是一个很重要的问题，这也是最近我们一直在考虑的。有人也提到，我们是不是再设一个专项或者用一个重大专项的方式来发展这项技术，我觉得这可能是一种途径，但除了这个之外还有没有其他的途径，我觉得这是一个问题，希望咱们各位专家能够讨论。比如国家重大专项，这种专项模式的好处是显而易见的，但是它在这个领域内发展是不是合适，我觉得我们应该先把这个问题解决了，再来说是不是应该做。如果盲目地用钱，投入进去，列了一些项目，列了一些所谓的装备，是不是能带动起来，这是一个问题。根据陈教授讲的国际国内的发展趋势，不一定能够符合。现在很多资本进入这个领域之后，会产生很大的吸引作用，很多人都被吸引走了，我们靠什么来发展？我们的军用无人平台或无人系统的依托力量是什么？是依靠传统企业、院校、科研单位，还是我们有一个更大的发展空间？从我们管理角度或者说做规划的角度来说，这是一个很现实的问题。

张兵志：

你能不能再解释两点，第一个，你说现在的一些体制机制有一些不适应，因为你们做的是顶层规划，从这个方面怎么体现？第二个，规划系列型谱发展的模式，在这个领域不一定是比较好的模式或者理想的模式，你也谈到了重大专项模式，是一种发展，但不一定是好的模式，这两个问题你稍微再解释一下。

崔　颢：

我说的是咱们现在或者过去做规划的时候，更注重减少交叉重复，搞了个系列化。在五六年前，很多类似于无人系统的装备开始不断出现，当时显得有点杂乱，需要有个规范性的东西，我们考虑按照型谱系列化发展，这个型谱的制定，都是按照一个典型的平台的物理特性规划，或者延续过去传统装备的概念，我觉得在现阶段来看还是可以的,是没问题的。但是如果按照未来的技术发展趋势来看,现在把很多东西定死了之后,是不是会导致一些技术上的漏洞?我只是说会漏掉一些东西,或者军方的引导作用没发挥出来,我们考虑是不是还按照这种方式继续做?从管理角度来说是可以的,但是在行业之内,我们是不是应该再增加一些东西,包括像一些智能水平或自主水平提升?美国人原来提了自主等级,后来不用了,觉得这个等级的划分是有点太机械了,好像也不太适合这个领域的发展趋势。按照传统平台的思路发展,越大的越快的可能是越难的,对无人系统来说,越大的并不一定是越难的,或者大的有可能是难,但是并不一定是最难的。过去的思路是先搞5吨,再搞10吨、30吨的,这在过去是可以的,无人系统是不是这样?尤其在规划长远的时候,我们应该再增加一些这方面的内容。

我们在跟一些机关领导讨论的时候,也面临这个问题,现在我们还没找到一个合适的技术上的解决办法。至于专项的问题,这是我个人的看法,过去这种专项方式,绝对是有它的作用,过去的专项必须是目标很明确,规划得很清楚的技术,现在可能专项本身也需要创新。

张朋飞:

我从1996年开始一直从事无人车的研究,刚才听了两位老师的发言,尤其是刚才崔研究员的发言,突然想到我一直想呼吁的一个问题,现在研究领域里面,很多概念不清晰,很多术语不同,造成不同单位之间、不同机构之间在沟通的时候有歧义。我借这个机会建议,下一步是不是集中力量在术语方面我们做些工作,把它规范化一下。

张豫南:

美军的无人作战有一个顶层的概念,无人作战下面分无人平台和有人平台。我特别同意陈教授的观点,军用作战平台,一种是人在环的,一种网络的,一种智能的。这样无人平台一般集成在有人平台,美军从小到大1/3的无人平台,一般分为7个战时动作,集结、开进、占领、侦察、攻击等,7个过程当中全都有无人平台的参与。我建议,能不能借鉴美军,从小到大,无人平台一般是2吨以内的,网络技术和智能技术同时发展,逐步形成有咱们国家特色的总体顶端的论证。这个论证需要作战部门的人员来参与，根据打什么样仗，确定需要什么样的无人平台或者无人作战系统，一定是一个系统，就是空中的、地面的、有人无人的，这样才是真正的无人作战平台。

刘尚合：

不管是军用的还是民用的无人系统，无人化、智能化这是发展趋势。今天开会前陈教授跟我交换过意见，我自己不是研究无人平台的，但是我有一个看法，不管你的系统大小、复杂不复杂，在顶层设计的时候，都要做好电磁兼容性。通信中控制离不开电磁环境，这方面要考虑。如果顶层设计时兼容性不好，通信信息受到干扰，电磁环境的适应性不好，对无人平台的运用会受到很大限制。

刘昕辉：

我们主要在做特种车辆，主要是平台，无人平台这个项目我也参与过几次。我个人感觉做无人机动平台应该关注两个问题，一个是有人无人的问题，另一个是平台的问题。如果从军用的角度来讲，我个人认为平台可能更具备这种民用不具备的特点，因为我们这个无人平台可能很少会在平坦的路上走，它一定会有一种复杂地形的军用特色。至于有人和无人，是一种操作方式，这种操作方式我认为可能更代表了或者更具有了大众化的一些特点，包括北理工的陈教授介绍了，现在谷歌公司都在做无人驾驶技术，所依据的平台其实就是普通的汽车。但是它的操纵、驾驶技术，确实跟互联网，跟雷达结合在一起。我们这个无人机动平台是两件事，可能我认为对于军事来讲，更重要的还是怎么能够做出一个平台，具有军事的用处。至于有人无人，全世界都在做，技术一旦成熟了，我想嫁接到这个平台上，去操作这个平台，这并不是很困难，所以我认为，可能平台的问题更有意义，更具有特点。

刘　进：

刚才我听了几位专家的发言，我也是想到我们在做一些顶层规划时碰到比较困惑的问题。我们之前在无人平台分类上，主要是两种方式：一种方式基本上是按照整个平台的重量，包括几千克级的、几十千克级的、几百千克的以及1吨

9

的、10吨的，按照吨位划分，国外现在在路线图上也是这么划分的；还有一种划分的方式，刚才几位专家提到了，按照智能的等级划分，美国原来有一种10级的划分方式，但是后来美国认为10级的方式不尽科学。曾经从另外一个角度有更复杂的评价方式，但是现在没有了。我们目前也是简单从遥控性自主或半自主的能力，这么简单划分。这个情况为我们下一步整个平台在"十三五"或以后更远的长期时间内规划、发展带来困惑，到底是用什么方式？从作战使用的结合上来讲，吨位级的划分也是不尽合理，包括作战的时候有战斗性、侦察性、运输性、二线、一线。各位专家也可以思考一下这个问题，什么方式能更适合我们军用的地面无人平台的划分，或者说咱们不用很明确的等级划分，还有其他什么方式，这是我的一个问题。

卢志刚：

我来自北方信息控制集团有限公司，研究信息控制。从信息控制角度我说两点个人的看法。

第一点，刚才刘教授说到平台和有人无人控制方面哪个更优先。我这么理解，刚才刘进研究员也说过，平台有各种各样的划分方法。我们现在说的车辆形态，有人无人有什么区别，比如在有人驾驶平台上，人离开以后，我们把控制的东西加上去，这个平台是不是还能作战。关键可能还是在它的观察，对环境的探测、感知，怎么去处理信息，怎么去控制现有的机械的状态。

第二点，刚才崔研究员和张总说到专项的事，我对专项也有点看法，我们前段时间在别的专业组里面论证一些技术方面的东西，有的领导或者机关人员说，这个东西专项里面要做，你们在其他专业组里面别做了。这种想法未来可能有问题，有些技术，比如信息或者传感器，或者控制方面的一些技术，在别的专业组不做了，都到无人专项里面，而无人专项中更注重车辆的无人控制，把一些更专业的技术忽略了，很难说无人专项里面能把各种专业方向涵盖了。跟现有的有人装备发展一样，各种装备的发展，无论传感器还是控制的，要允许在不同专业组里面发展。

刘尚合：

刚才两位的发言很好，提到了为什么要用无人平台，目的是什么。我想需求很重要，我考虑将来的战场环境可能会大量使用无人平台。最近有一个危险环境中的机器人，有人问是叫机器人还是叫无人平台，机器人研究这么多，这个有什么特色。它是在危险环境特别是未爆弹环境使用的机器人，要探测、要分析判断还有定位，处理的目标是挂在树上或是扎进地下的未爆弹，未爆弹的弹头很大，需要把炸到地里的弹头拔出来，机器人的抓取能力大，同时还有防爆问题等。

地面无人平台发展面临的几个问题

◎ 苏 波

我们一直在思考的问题和今天的主题是一样的，即地面无人平台到底什么时候能走上战场，是以什么样的方式进入战场，进入战场以后，能够起到什么作用。围绕这些问题，我们也对目前的技术进行梳理，也有一些自己的思考。简单地说，目前的地面无人平台发展的现状是结构化环境的定点作业，但下一步让地面无人平台走向战场，真正应用和发展的趋势是在非结构化环境下的移动作业，两者之间还存在较大的技术差距。

目前地面无人平台发展面临的最大问题就是如何突破结构化环境定点作业的能力极限，进入复杂环境的移动作业层次。为实现这个目标，有三个技术问题需要解决。

第一个，关于无人平台模型的问题。我们其实已经建立了未知的环境感知模型、路径规划和决策的模型、车辆的行为模型，但这三个模型没有有效融合在一起，这样的无人平台缺少智能或智慧，只能做单步的分解动作，在简单明确环境下做简单的工作，并且速度缓慢。未来的移动无人平台要在复杂环境下作业，就必须将感知、决策和行为模型融合成一个智能化决策控制模型，就像人的大脑一样，才能处理复杂环境下的问题。

第二个，控制优化问题。任何单体的先进传感器都无法代替整体的性能，我们如果把先进的单传感器集成一个性能先进系统，即使我们能实现平台的先进性的演示验证，但是没办法实现在战场上的应用，因为它既价格昂贵又系统复杂。所以，现在面临的问题就是借助现有传感器水平，甚至是在降低传感器性能的情况下，如何来实现优化的控制算法，通过这个途径来真正达到工程应用。尤其目前单体的感知和定位传感器精度无法达到应用的要求，数据综合和智能化的算法在里面起到的作用是最核心的。

第三个，环境的适应性和应用问题。地面无人平台跟空中的无人平台和海上的无人平台面临的环境不一样，地面无人平台面临的环境更苛刻、更难一点。它要在不同复杂的环境下，进行接触、触碰作业，既跟人相互接触，也跟地面接触，而且面临更多的是有人出现的动态环境下作业。需要解决的不仅是控制鲁棒性问题，还需要实现任务自学习、自适应等。

这几个方向都是地面无人平台下一步发展的核心技术问题，需要我们一起攻关、一起研讨。

刘尚合：

我有点不同意见，地面的无人平台跟海上的相比更复杂吗？面临的问题更恶劣？海上战场和空中的比地面环境简单？你那个更复杂？我的观点不是这样。

苏　波：

这是今天沙龙上可以讨论的。

从兵器研发角度看无人平台的研发

◎ 马春茂

刚才苏主任和刘院士说兵器产品研发的难度大，我们从事兵器研发的人员也是有这种感觉，在空中或海上的环境影响会单一一些，但这样说也不太全面，我们研究地空导弹已经有 10 多年了，对它的背景的影响，目前还是没有搞明白，我想在不同行业有不同的难点。从另一方面看，在地面上确实有其独特性，比如地形的复杂性、特殊性，约束繁多，考虑因素是比较多一些，要想建立通用模型会有很大难度，这也是事实，恐怕投资强度的影响会更大些。

我一直从事火炮武器系统研发。刚才有专家提到使用的问题，讲的是地面无人机动平台，叙述比较明确，主要体现在自主驾驶这方面。地面无人平台这块做得很多，我认为遥控发射的一些武器装备也应算作是无人系列。我们今天主要探讨地面无人机动平台，我的理解就是首先是以减少或避免人员的伤亡为主要目的。刚才陈教授也讲过，地面无人机动平台具有全天候作战能力，无论在任何环境下，不需要增加对人的保护措施。我们现在好多武器装备用于保护人员的设施比较多一些。一旦无人化后，从人员保护的角度看产品简单多了，使得有效载荷都能在任务执行上发挥更多作用。从目前能够查阅到的一些资料看，介绍无人车比较多，无人机也比较多，无人水面舰艇也不少，或者水下的装备比较多；无人火炮的介绍比较少，我理解是无人炮属于无人车一部分的缘故，另一方面可能是火炮后坐力的问题，无人产品都是比较紧凑一些，体积与吨位都不是很大；在海上的低频的波动和我们地面的高频也是有差异，海上无人艇和空中无人机比地面无人机动平台发展快的主要原因，我认为是需求牵引、约束的复杂性和大家关注度的问题。现在不管国际还是国内，在地面无人机动平台发展上，应该是落后于空中和海上，所以我非常赞同举办这个沙龙，以此推动地面无人机动平台相应技术发展。

作战系统首先是传感器，无人和有人都要研究。从系统总体的角度就是系统集成即发现目标、跟踪锁定目标，然后发射毁伤目标，我认为不一定必须纳入无人机动平台这个范畴，但需要进行适配性研究。无人机动平台应该强调它的自主性、协同性以及自主决策等技术开发应用，还有一个就是人脑怎么进行引用的问题，即智能化，这方面主要依靠国内外的各所大学。2007年我们到英国考察时，专门跟一所大学的专家沟通此项技术合作，国外实验室利用脑电波进行意念指挥，将来都可以作为无人机动平台的指挥或者控制决策的支撑，但是这需要长期艰苦的实验验证。我们所里也有预研课题进行技术探索，他们把技术分成两类：一类是基础技术，就是我刚才说的神经网络等通用技术；还有一些应用技术，对应于特殊的作战应用需求，这是一个比较有特色的方面。我觉得非常有必要大力推动无人机动平台技术发展。从另一个方面理解，地面无人机动最大的好处，就是使得人员保险，这也是最重要的。还有就是可以执行多任务，对空、对地都可以，安装上不同武器装备就可以完成不同任务。对一座岛屿来说，可能不适合人类生活，可以把地面无人平台安装上去，相当于国土的保卫，这方面对于我们无人作战火炮系统都是很有意义的。

刘尚合：

2015年3月，我在北京主持了一次学术研讨，邀请10位专家做特邀报告，其中有一位专家是研究车辆的，他说车辆电磁兼容问题更难处理。讨论的时候，研究飞机、舰船的专家马上就提出反对，他们说各有各的特点，车辆就这么一个小平台，要集成的东西并不多。但是研究预警机的怎么处理电磁兼容？我认为比车辆要复杂。

赵汗青：

地面比空中和水面复杂的原因，是它对地形的解析度要求要比水面和空中高，由此对精细度要求高，所以比较复杂。

贾小平：

我们团队很早便开始研究无人机动平台，体会是地面平台比空中和水上的要难一些，在空中的无人平台特点是速度很高，控制并没太大难度，而地面的平台没有空中和水上的宽大广阔的地域，只能在随机路面行走，不断受到环境干扰，对越障、避障的要求高，控制难。因此，我们现在的某些研究课题就是专门针对高适应的机动平台，先解决平台本身恶劣地形适应性的问题。

目前的无人平台全自主行驶的并不是太多，一般都预备两个方案，一个是自主行驶，另外一个半自主，半自主就是遥控。如果只有一个全自主功能，要是到一个死角的时候看不到或出了故障，这时就要靠遥控。但在一些山沟里，或在胡同里，信号根本发不出去，想控制的图像根本看不到，即使是采用微波还是用其他通信方式都比较难以解决，这是地面无人平台面临的主要困难。

第二个困难，就是前面其他专家说的解析度不够。通俗来说，现在不管是定位，还是传感器，都存在不小的误差。即便是GPS，假如不设基站的话最高精度能达到多少？能达到6米吗？如果完全要靠自主来识别，对车辆的要求很高，稍微不小心会掉到沟里出不来，执行机构动作稍有延迟都不行，延迟1秒你的车就要跑出多少米，制动都来不及。

目前，其他相关行业也想做无人平台的集成，也在研究平台的资源整合，和我们遇到的难题是一样的，就是没有一个统一的标准。现在很多单位都在研发无人平台，很多零部件或从国外引进，或是多种组合，大、小、轻、重、履带式、轮式、速度快慢等类型繁多，就是没有权威性的统一标准。没有标准带来的问题是大家没有努力方向，做出的平台都是自己说好，成了百花齐放，甚至是千花齐放。2016年9月要组织一场无人平台比赛，通过比赛使大家都往一个方向努力，这样搞得更好。制定标准确实很难，要根据各个行业特点区分，比如起码要区分军用的无人平台和民用的无人平台两大类。

目前我们开发的无人平台有三种：水陆两栖、陆空两栖、纯陆地行驶，虽然我们在这些领域做了不少工作，但有些地方还需要继续探索，比如潜水车无人平台等。另外，我认为无人平台的底盘一定是要根据无人的特点来设计，不能只是在现有汽车底盘上改装。首先，真正的无人平台不一定非要有外壳不可，也可能就是一副"骨架"，没必要安装那么重的装甲，浪费过多的能源。但是，一定要具备比一般车辆更强大的功能，有高通过性机动能力，即使掉到沟里、骑到马路牙子上、撞到墙还能正常行走，最终可以根据不同需求完成指定的特殊任务。因为毕竟无人平台上面没有驾驶员，再智能现在也赶不上人的脑袋，以上情况会经常发生。所以，我们希望将来的"智能"能够把听觉、触觉、嗅觉都考虑进去。

戴　斌：

贾老师说还要搞听觉、嗅觉，我觉得视觉这个事一时半会还解决不了。刚才刘院士问地面平台到底难在哪儿，赵老师说是精细度，我认为关键问题是所处的环境是触碰的，和障碍物都要发生接触，无人机是没有避碰功能的。我讲三点自己的看法。

第一点，从环境识别来说，很多单位都在研究传感器，在2014年的比赛里暴露了一个问题，大家对主动传感器依赖太多，前两天美国人用60美元做了干扰器，就可以让你的设备失效，这是对付手段，低成本的主动传感器加上被动传感器是好的选择，这方面必须要考虑。

第二点，我们出去在地面上行走，到底要不要那么多信息？在现在的理论框架里面，建很精细的模型我认为不可能，比如路边的问题，我们每次都讲，我们到底要不要路边？在越野的时候有没有必要？这个问题需要解决。人到底有没有提取路边的信息？计算机所谓的通过计算的"识别"，和人的识别有很大区别。

第三点，在有限的条件下，是不是可以把人在线引进来？我们一讲自主就说人不能在线，其实人有限介入可以解决很多问题，点一下选择一个样本，可能计算机在几个小时之内可以据此解决很多识别问题，可以帮很大的忙，计算机算几个小时可能算不出来，这些问题值得在座各位讨论，这是我自己的观点，大家可以讨论。

邹　丹：

各位专家好，我也是从事兵器行业的研究，为什么说地面无人作战平台比空中、比水面、比水下的平台要难，我们认为有它的一些复杂性，我想从三个方面来说。

第一是机动性，现在在地面无人作战平台中研究比较多的可能是各种不同的行驶机构、传动机构，在水面和空中只关注自身的动力机构，不用关心外界对它的一些影响。在地面除了要保证自己的行驶可靠性和工作效率，还要考虑到外界的复杂环境，比如说无人作战，可能处在城市街区或野外的未知环境，它可能就受到楼宇环境、楼梯障碍、沟壑，以及野外的树林、山坡、雪地等环境影响，所以行驶机构的机动性是一个非常重要的方面。

我认为，地面无人作战平台在感知外界环境上还有一些必须要攻克的问题。在机动性方面，我认为国内的研究现状离作战还有一定的距离，我们目前在研的不论是履带式的还是轮式的无人作战平台，也是到部队开始试用，充分暴露了一些问题，离实用性还有一定差距。

第二点，在感知方面，无论对于空中还是水面，面对环境无论在视觉还是在传感器方面，还是稍微单一一些，刚才有几位专家提到，在环境感知方面，包括建模理解，地面无人平台的复杂程度要更高一些。

第三点，刚才刘院士也提到通信问题。一个是做地面无人作战平台，有没有考虑通信的电磁兼容，这是平台本身的问题；还有一个，建筑物或者其他环境的遮挡，使它的通信根本不可达。

从这三点上看，地面无人平台还是有它自己独特的复杂性，目前的发展也是比较缓慢的。

刘尚合：

传感器的感知问题，无人平台怎么样赶上现在的人？现在提出未来的发展趋势，是不是要考虑仿生的问题？

杨秀月：

我主要从事规划和无人发展方面的研究，我今天有几个观点跟大家交流一下。第一个就是关于需求问题，经过在部队的调研和跟广大专家的交流，我觉得现在有这么一个问题，无人平台的未来发展可以分为三个阶段，一个是人的功能拓展阶段，然后是部分替代人的阶段和完全替代人的阶段，这是个人观点。从军事人员的角度来说，目前处于一个辅助替代人的功能阶段。这个时候我们去分析需求，更多的是从替代人或拓展人类功能这个角度来提的。目前来说，我们对无人应用、无人作战的概念还没有形成，更主要的问题就是我们对单体的应用都还没搞清楚。我希望以后第一步是对单体的研究要深入，就是我们先做出一个平台来,重点来解决一个问题就行了,做好了拿到部队去使用,军方提要求,之后来完善这个需求,这是第一步,我们把单体的军事需求搞明白了。第二步才是多体协同,最后形成无人作战的能力。大家总在提需求,军事人员也提不出来,面对新的概念和新的装备,从军方来说,更多是使用完善,逐步推广的过程。我建议大家专注做出一个好的平台。

第二个,在这个平台上,作为规划部门,不太关心你的智能水平有多高,而是关心几个问题,首先,在复杂电磁环境下能不能用。现在最大的问题,几个无人平台放在一起就不能用了。其次,通信可不可靠,我不需要你距离太远,500米就够了,不能离我太远,太远我对它不放心,传过来的信息我未必能信,更重要的是替代我去执行一些危险的任务。我想我们的第一步发展,不必考虑太远,因为我们是考虑步兵班组的作战,从小的平台上来说,可能不需要太远,500米、1000米可能就够了,而且对步兵分队和特战分队的很多指挥员来说,不需要太远了,这个观点不一定完全对。总之,通信的可靠性,在复杂电磁环境中的应用,这是最主要的。其三,高机动性,也就是对各种环境有很强的适应能力。说到人工智能问题,人在回路,平台不能增加操控人员的强度,但是它还是能用的。如果过分强调平台对环境的理解、感知,做不出有用的东西给战士们来用,战士也无法给你提出需求与建议。你要先有一个真正拿出来用的东西,智能化水平不必太高,但是确实能用、管用,军方使用人员来逐步完善需求,提出需求,再牵引技术的进步。

第三个建议,现在大家都在强调地面比其他的复杂,我建议大家研究的时候,首先从规则路面开始,先不要考虑太复杂,那些复杂的可能很难,我们认识这个问题可能有一个逐步的过程。对军方来说,急用优先,我们希望能够更早更快拿到这个装备,从一些规则路面开始,比如说城市作战的这种角度,先发展出来真正实用的装备,然后再逐步完善这个过程。

杨悦丰:

我来自航天三院8358所,主要从事激光雷达传感器方面的工作,我想从传感器的角度,说一下我的感受。从2014年比赛到现在,我们一直在从事雷达研究,但是对于我们来讲,一直有一种雾里看花的感觉。从去年的比赛来看,感觉大家用的雷达，64、32还有单线的、四线的，德国的、日本的、美国的，接近20种，希望各位专家给我解释一下，咱们的无人机动平台到底包含哪些东西。以后可能发展出侦察的、侦打一体的、环境感知的，这些隶不隶属于咱们现在这个平台？之前戴老师说了，美国用几十美元就可以干扰我们现在的环境感知系统，实际上这个问题去年我就了解到了，目前我们所用的激光雷达的谱段是905的，美军在用的64线雷达，用的是1550，为什么是这样？905的，说句实话，我们拿手机的摄像头对着雷达看，都能观测到，这就涉及传感器的光电对抗问题。从传感器研发角度来讲，目前国内所用的激光器探测器，还没有开始着手做1550的，能有强电磁光电对抗的、隐蔽性极强的谱段器件要求很高。之前贾老师提到的标准问题，也是我们一个比较困惑的地方，无人作战平台以后是执行什么样的目标，力学环境、电磁环境以后是什么样的，这方面我们的认识都很模糊。

我们有的平台机动性非常好，我们不可能以后指望国外给我们提供传感器，必须实现国产化。从技术角度来讲，挑战最大的还是环境适应性，对没有人的无人平台，我觉得以后更大的困难是过载冲击。

对于多线雷达的应用，从去年比赛看，大家用的在结构上、方案上比较类似，但是环境感知方面，无论是红外还是可见光，是不是应该有一个主流或者主线？不排除大家有其他好的方案，应该确定到底用多少线，我看有用32的，有用64的，还有最新的16的，这些雷达我都看过，技术上没有问题，只是说我不知道应该做什么，做多少线的，主要指标是什么，侧重点是什么，以后用什么接口，很多都不确定。大家都去研究的可能性不大，而且传感器的研发、军品的研发，需要的周期还是很长的，包括还有很多器件级的，从器件级就得投入，就得去做，实际周期还是很长的。希望各位专家能给一个方向性的指导。

翟利国：

从需求来看，无人平台最早从美军和以色列产生的，有一个前提条件是，美军的作战是理智性的作战，士兵不会去玩命的，他用没有生命的东西去替代人完成一些危险的任务，这是它产生的前提。但它的使用条件，基本上都是非对称作战条件，就是在完全把敌方的一些信息系统也好，或者主要抵抗能力也好，摧毁的状态下，去用没有生命的机器人完成一些特殊任务，这两块是我们要关注的地方。目前主要使用的就是移动传感器，再就是负重形式的，现代化装备很重，一个士兵平时有四五十千克的负重，通过这个东西，让他负载减轻一些，当然现在发展到自主人工智能的武装战斗机器人，将来是个趋势，但是也存在一些问题，这里边最大的问题可能还是抗干扰能力的研究，这也是我们的"短板"。

从需求上来看，我们曾经也走访过部队，了解到比如说地处西藏的一些哨所，条件特别艰苦，在这种边防守护中，我们是不是可以考虑列装一些这样的非人类的士兵，比如说观察系统，包括巡逻，靠遥控也好，或者是感知技术，就是无人去完成；还包括一些威慑任务，靠遥控去完成，替代士兵，可能会好一些。另外一个需求，对一些重要目标的安防，可以通过无人值守的武器系统去完成这些任务。目前来看，还是得从基础性的关键技术突破上做文章，不一定非得去做综合性的地面无人平台，把所有技术都集中在它上面去研究，这样可能会产生互相制约的一些方面。像国外研究，开始找一些类似的有人平台，去突破一些无人的技术，比如说图像处理、数据处理、信息接收，还有其他一些控制方面的技术，再根据用途去研究一些适应于特殊用途的行走机构也好，或移动平台也罢，最后集成为一个作战平台。目前预测将来可能会在战场上占领更大的作战份额，可是他们现在的瓶颈也很多，我们也有一些瓶颈。我们现在也从事一些遥控基站的研发，包括遥控系统的引入，完全可以和这个进行嵌入式的结合。

邓志东：

我想说四个观点。第一个观点是要开展顶层设计。从无人作战需求出发是顶层设计的出发点和归宿点，应该是从实践中来再到实践中去，多次反复螺旋上升，把事情一点点做起来，这个事特别重要。第二个观点，我们今天讨论的是无人机动平台的技术发展趋势，是技术，而不是其他。从技术角度讲，我觉得无人机动作战平台有两个主要的指标要求：一个是环境的适应性，其中也包括机动性；另外一个是自主性，这两个比较重要；第三个观点，要制定分阶段的详尽的技术发展路线图。我认为第一个阶段，首先是辅助人（类似于 ADAS/ 先进驾驶辅助系统），然后是人辅助，最后才是完全自主。总体上应分成这几个阶段。要分析清楚哪些技术在哪个阶段可以做到什么水平，比如说环境感知，在第一阶段能做到什么水平；长航时精准导航技术，能够在哪个阶段达到什么样的水平，从这个角度来说，还有比如说高速高机动与智能控制方法等，现在的方法能做到什么样的程度。这些都要进行理性、客观的分析。最后一个观点，对传感器的配置，我们一定要做减法！我的印象非常清楚，从 2009 年做无人驾驶汽车（基金委的项目），到现在已经六年多了。2009 年的时候，传感器配置得非常多，恨不得把传感器覆盖到全向全方位，不留下任何盲区，没有任何死角。买了很多激光雷达，很多摄像头，总之用了很多传感器。但是现在我们知道，任何一个车队，一个研发团队，如果他们的无人车做得很好，都是传感器使用最少的！传感器数量一定要精简，不管从产业化角度还是从今后形成型号发展的角度来讲，传感器数量都要做减法。减到什么程度？最理想是减到单目视觉！人开车基本是靠两个眼睛来解决问题。用类似一个或两个眼睛解决问题，这在技术实现上有没有可能性？事实上，以色列的全球视觉技术颠覆性公司 Mobileye 已经给出了部分答案。他们目前上市的单目视觉产品，既可以满足车道线、路面、前方障碍物、行人、交通信号灯、交通标识等的视觉识别要求，也可以满足各种真实环境的适应性要求。这说明仅靠摄像机视觉也是做得到的，而非一定要依赖于动辄 80 万元左右一台的 64 线三维激光雷达。我们怎么解决这样一个共性核心技术问题？我们能不能做得出来？这是真正关系到我国相关产业发展也好，或者是型号发展的一个根本性的问题。我从技术角度讲，对这种关键核心技术，国家要花大力气，不能回避或没有信心。

赵汗青：

我一直研究自主车的无人自主机动平台，搞了 10 多年，我现在提出一个观点，大家也别仿生了，直接在生物上面做，这是我的一个想法，比较标新立异的想法。搞了 10 多年以后，除了没搞过平台，其他都搞过，环境识别问题和规划问题很难，做起来非常费劲，从 20 世纪 60 年代开始到现在，50 多年了，没有进展，事实就是这样，但是这条路还得继续往前走。第二个，关于平台，现在"大狗"很热，从研究角度讲没问题，实践来讲意义不大，如果把不同的生物控制住，这样可以规避好多问题。平台问题，我认为最难的问题就是功率密度，让一个比较小的东西持续工作时间很长，目前做不到。自主机动问题，就是感知问题和规划问题，同样也很难。所以我觉得也别仿生了，直接拿一个生物来，把它控制住，比如大象，载荷很重，小的东西，小猫小狗很轻，这样可以解决现在困扰我们几个领域的问题。

崔 颢：

刚才咱们好多专家谈的很多问题，我理解都是从平台的角度考虑，我们能不能换一个角度，从人的角度去考虑这个问题？我们的无人系统要替代哪些人？如果换一个角度考虑这个技术或装备发展，可能会有一个新的思路出来。首先刚才几位老师说了，我们要分析它的作战需求，怎么分析作战需求呢？我们单位正在做的一项工作，从整个作战流程，作战进程和部队的编程上来分析，整个作战过程中人在起什么作用，比如陆军集结、开进、交战、撤收。这是一个过程，在此过程中人起到什么作用，在不同的平台或不同部队中，人到底起到什么作用，我们要替代哪些人，用平台或者用新的概念来替代哪些人。先把这个人的作用搞清楚，有些人需要冲锋陷阵，有些人需要后方保障，我们要替代。不要再完全拘泥于现在很多难度很大的技术，对很多问题我们可以做一些减法。我的理解，做减法不仅仅是传感器的减法，甚至是对这项装备，对这个功能要求的减法，我们不要希望一个装备包打天下或整个作战过程，我们用它能替代某一项功能，或某一个人就可以。反过来讲，刚才专家说了，地面平台和空中平台的复杂性。再换个角度想，地面平台比空中平台，比水下平台有什么优点？空中平台上了天人上不去，就只能等它下来；水下也是，下去以后人跟不上去。地面平台不一样，人可以随时上下，随时去更替它、操纵它，某种意义上也是一种优点，我们能不能发挥出这种优点？刚才有专家说，距离不是很远，可能在几百米的范围内，或千米范围内，这是它的一个特点。我们能不能把这些特点，它的优势利用出来？同样都叫无人平台，但是在不同的地理空间和不同的作战当中，有各自的优势和劣势，或者说不同的特点，我觉得我们应该发挥出我们的优势来。我们做不了非结构化，可以做结构化。有一个需求，比如现在在青藏高原每年有运输车，全是有人驾驶往上运，劳动强度很大，压力很大。但是公路都是结构化的公路，我们能不能把这部分人部分替代一下，减轻这部分人的工作压力和强度，甚至降低生命危险？这也是一种需求，也是一种促进。如果我们就完全集中在一个很复杂的环境中，我觉得这是一个方向，是一个技术发展趋势，没问题。但是在现实可行的情况下，我们的视野应该更宽广一点，把更多的人纳入我们的无人平台当中来，最后发展起来，这可能是一个可行的或者应该采取的技术路线。

姚燕安：

我是大学老师，我以为如果只考虑技术层面，搞不好很可能会走错方向，我们可能更多地需要从"道"的层面，也就是理论或者哲学的层面来进行思考。我提一个观点，无人机动平台也就是地面的或空中的机器人。传统的观念认为机器人是人的工具。比如，车是人的脚的延伸，刀是手的延伸。机器人似乎自然而然，还是作为人类的工具，是人的功能的延伸。比如，机器人要辅助人在危险的环境中工作。我一直在构思这么一个观点，机器人既然有独立的行走能力和制动能力，可不可以搞成不是为人服务的，成立一个独立的机器人王国。对于机器人独立王国，我的概念是机器人将作为第三方。假如中国和某国打起来了，我们有第三方是我们的盟国，这个盟国就是机器人网络。这个机器人王国不听命于我们，也不听命于某国。如果机器人听命于我们中国，机器人技术是信息控制的技术，这支作战力量被信息技术远远领先的某国控制了，机器人反而会攻击我们，对我们不利。在短期内或者相当一段时间内，我是比较悲观，我们在信息领域比不过某国。如果我们的机器人无人平台一旦发展起来，数量再大，很可能被某国干扰或控制。我们是否可能走这么一个线路？我搞一个独立的机器人王国，有独立的体系。如果在某一个地区就由机器人值守，机器人控制，军方控制不了，机器人设计者也控制不了，这就可以作为我们国家第三方的安全力量。这是我的思路，支撑的技术就不再展开了。我只谈一点技术，我们可以研究一些随机算法，现在的机器人算法设计思路是要控制它，而随机的算法是设计者都控制不了机器人的算法。假如这样，这个机器人工具不听我们的话，我会很担心，但是它也不听某国人的话，他也很担心。基于这样理念层面的差异，机器人技术上的发展路线也相应需要与现有技术有不同。

从技术层面上，无人机动平台的技术究竟要走什么路线？仿生技术？机器人没有狗跑得快，所以要仿生。但是，轮子是人类最伟大的发明，轮子不是仿生的，履带也不是仿生的，这两种现在人类应用的最成功的地面移动系统不是仿生的，仿狗就能超过狗吗？我们仿美国就能超过美国吗？我个人认为，不限于仿生，而是从数学、力学出发，从根本出发解决问题，这是技术发展路线的问题。下午我会有一个报告，介绍我们做得非常独特的一些非仿生设计的机器人，希望再跟各位专家交流。

刘向前：

先回答一个问题。刚才很多专家的发言涉及了军事需求、关键技术体系划分以及项目的组织管理等各方面，大家提到的这些问题也是我们正在积极思考的问题，在座的很多专家是研究工作的主要支撑力量，我们也欢迎更多的专家积极参与我们的论证研究工作。

很多专家提到，挑战赛对他们有很大的促进，不管是技术方面，还是对需求的认识方面，我们认为比赛确实起到了很好的军民融合平台的作用。这里我提出自己的观点，就是本领域的发展需要各方力量的积极参与，推进的过程是一个需要互动的过程。我们过去讲叫军方牵引，实际上应该是军事需求牵引，或者叫军用需求牵引。未来地面无人平台的发展可能超过当前我们的认知，包括作战理念、作战运用，可能的概念是要往前走的，需要我们大家共同参与到这个领域里来，发挥群智力量。

提一个技术方面的问题。当前智能车辆或称智能机器人的研究，是以冯·诺依曼计算机结构为基本架构的。机器学习的实现未来可能依赖于人工智能技术的突破与发展，将基于脑科学和计算机科学相结合的人工智能技术引入本领域，可能成为未来的研究方向。关于这方面的探索，我感觉国内开展得薄弱了，大部分的研发团队在这方面甚至是空白的。从大的趋势看，以后实质性的推动可能要往这方面发展。我认为做自主行为技术研究的专家特别要关注这个问题。

李贻斌：

我主要研究移动机器人，工作是四足仿生机器人的研究，今天很高兴来到这里参加沙龙，沙龙就是要提出一些新的东西，提出一些不太成熟的看法，这里提四点：第一，现在要做的工作比较实际。三维环境运动体融合的立体地图显示系统，一是可以方便操作，提高操作的效率，现在的操作效率太低，就是因为人获得的信息不够。我只能看到前面的，周围都看不到。应该给人一个操作体系，在整个环境当中，这个可能比较实用。第二，针对未来的应用，无人平台要想走进战场，无论是单平台还是多平台，必须要与网络、与信息、与数据库、与云计算等这样一些信息相结合，否则单体的一个作战平台意义不大。现在的平台包括了机构、传感和控制，今后的系统要考虑网络、数据库、云计算等内容。第三，刚才有一位专家说到生命体机器人的问题，生命体机器人，现在可以做，但是存在伦理问题，这个问题不好解决，我们是不是可以做一些非生命体的可生长型的活体？这个活体不是一个自然的生命，这个我认为可以考虑，但是这个是比较远的，可以作为一个技术研究来进行规划。第四，刚才有专家说了，创建一个机器人的独立社会，这很难，甚至是不可能的，因为机器人社会一定与人类社会是融合的，不可能存在一个单独的机器人王国。两者不可分割情况下，如何保证人和机器人各自的安全，这是一个问题。

另外，关于仿生问题，仿生肯定是机器人发展的趋势，最后机器人要与人、动物，在能力上可能要配套，我们现在之所以用其他的方式来设计本体或实现某些功能，是因为仿生技术还没有达到这个地步，一定要达到这个地步，肯定要走仿生这一步，这是我的一些观点。

姚燕安：

我补充一点，对于机器人独立王国的探讨，提供一个案例。我们已经研制了一款机器人，不受设计者的完全控制。它是基于图论中随机行走（Random Work）的原理。它是一个醉汉，有行动能力，但是喝醉了，有时候不知道往哪儿走，这样走的路线叫随机行走。这个醉汉的大脑控制不了自己，一会儿清醒，一会儿糊涂。我们针对这台机器人开发了一种智能算法，让它能找到回家的路，但是我们不能精确地控制它的行为。

张朋飞：

实现机器人的智能，让机器人实现人的机能，有很大的瓶颈。从另外角度考虑，把人的知识、经验注入机器人里面去，让机器人执行任务，也就是把人的经验、知识和能力，变成计算机或机器人能接受的知识，我认为这是解决目前机器人智能控制的方式。

关于机器人的发展，我们并不能仅仅关注技术的发展。国内现在没有标准，定了两项企业标准。以美国为例，他们跟标准相关的文档已经有不少了，在IS4里面有4A、4B、4C、4D分别对应机器人，这是我们能想到的标准，这是国际标准。国防部陆陆续续发布了国防部令，跟安全有关系。

刚才很多专家提了需求，其实美国在2007年做了一个联合作战能力的文件，后来几年，都是以这个为基础分析机器人。我们是不是可以就机器人的现状，总结一下国际国内有哪些典型的案例？

技术水平方面，我觉得专家们可以总结一下，现在有哪些技术，行走机构，还有哪些算法，感知上有哪些算法，规划方面有哪些算法。谷歌为什么基于3D环境模型？它有强大的搜索方法，现在被评为世界九大算法之一，排在第三和第四的就是谷歌的搜索方法。

张豫南：

军队作战过程包括7个阶段，军队排爆、化生，还有侦察，最后到打击，这是作战过程。军队作战保障过程中，无人运输、无人值守和无人巡逻是急需的，军方对无人平台和无人作战系统的要求，我觉得现在非常明确，比如排爆，现在穿非常重的衣服。这个是最简单的过程，能不能提供可靠性和通信链路都非常好平台？现在都做不到。除了国外一些我们看着比较好以外，国内用不了，要不然这个坏了那个坏了，现在大家不要讨论非常自主的技术，比如当前把排爆机器人做好，一个母车，一个子车，把物品抓起来放到桶里排爆，能不能做好这个？到目前为止没有看到一个非常可靠的东西，要不然就是拖条尾巴，后边拖条光纤，人家屏蔽干扰一开全完了，军方的需求非常明确，就看工业部门能不能解决实际的问题。

陈慧岩：

刚才听了军方还有大学里面很多学者的发言，会议达到了百花齐放的目的。我现在感觉到，工业部门，例如，兵器系统有很多光、电研究院所，他们的声音很少。我们不要局限于国外，不能美国做什么我们做什么。你考虑打仗需要什么，作战需要什么，你再做什么，这个非常重要。我们这个沙龙很重要，弄明白我们自己的装备应该怎么发展，我们的现实是什么，这个非常重要。

第二，军方需求很明确，具体环境怎么实现，工业部门和军方的连接过程，过去传统研究的思想还起着很大作用。上边下了指标，但是很少关心细节过程，所以很多东西雾里看花，有时候技术突破了，拿不出来产品。

邹 丹：

我把自己在地面无人作战领域的一些理解向各位专家做一个汇报。分为三个方面，第一大方面，刚才各位专家都讲了，都意识到现在机器人时代来临，无人化战场已经离我们很近了，在 5 年之前，机器人也很火热的时候，美国有一份文件说，到 2015 年达到 1/3 无人作战平台上战场，目前我们还没有看到这个前景。我们国家也认为，5 年之前无人化战场比较遥远，结合国外的一些资料，我谈谈为什么说无人化战场不再遥不可及。第二方面，也借这个机会，介绍一下我们所在无人作战平台方面的研发成果。我们是轻武器研究所，侧重的领域是轻型无人作战平台，也是国内轻型地面无人作战平台的总体研究单位。第三个方面，想讲讲一些本人的想法，对无人作战未来发展的思考。

美国国防部在 2007 年发布了无人系统的综合路线图（图略），我特意提一下，在 2013 年底，最近的一次路线图中，在关键技术方面把武器技术作为其中一个关键技术，这也是首次提出来的。在机器人或者无人作战平台方面，我们的需求是什么？我们是跟着美国走，还是跟着以色列或韩国？他们在军用无人作战平台方面都站在了前列，我的观点就是，从我们先进技术发展的角度来讲，可能现在还是沿着发达国家在地面无人作战平台方面的优势，我们跟着这个脚步往前走，到一定阶段之后，找出适合我国国情的一些需求，这是比较就近的一条道路。就像我国现在发展的工业机器人，之前国外的四大家族的工业机器人占领我们的市场，目前我们也是在慢慢地适应国情，自主研发工业机器人，我想军用无人作战平台也需要走同样的道路。

各个国家推动军用无人作战平台的发展，有不同的发展计划。这里面想特别提的是这是韩国最新研制的军用无人平台（图略）。这是班组任务资源的系统，美军用于人的跟随保障。这是俄罗斯地面无人作战平台，它主要用于作战，这也是最近两年出来的最新的一个视频，也是一个作战型的例子（视频略）。这是韩国最新研制的作战机器人。从这些信息中，我们可以看出一些军事强国还是在地面无人作战平台方面开展了一些广泛研究，也有些不少应用。

第二大方面，我介绍一下我们 208 所在轻型地面无人作战平台这个领域，作为一个总体单位，做了些什么，达到了一个什么样的能力。第一台反恐作战机器人，也是我们国家第一台用于作战的机器人，在 2009 年完成了定型。这是另外一个单兵无人作战平台（图略），这是由总装来支撑的小型的地面无人作战平台，在 2013 年完成了系统的研制。可以搭载系列轻型武器载荷，目前这个平台的最新型也在参加部队实验。这是 2015 年班组无人平台（图略），一个是作战型，另外是班组任务资源型，在 2015 年形成了样机，拿到了部队，进行了部队实验。这是我们所的无人作战平台技术研发体系（图略），构建自己的体系框架，从研发技术方面，我们做到了除了平台本身的集成，武器技术应该是我们轻武器研究所的优势，在各种武器载荷方面，因为涉及安全、涉及一些载荷的通用化方面的设计，在国内我们还是比较有基础和经验的。

说到无人作战，和人机交互离不开，人在环路的控制，便捷的终端和车载操控方面，目前进行不同款型的设计，也有一定应用。在产品方面，地面无人作战平台，目前都基本属于在研，在产品方面我们现在有单台套应用到公安和武警，协助做一些侦察，仅仅是单台套的适用。

第三大方面，阐述一下个人的一点观点，刚才各位老师也提到，无人作战的一个主要特征，肯定是信息化协同作战的网络。单台套的无人作战平台在未来肯定是协同作战。我们理解，无人作战包含突击、支援和指挥控制等三大部分，突击力量也是包含了近程、中远程以及空中协同作战的网络。在这个网络里面，有一个指挥控制中心，另外就是一个分机的控制中心，中间信息交互是网络协同的模式。

在这个网络里面特意要强调，它是有人和无人装备协同的，不能脱离人而实现这样一个体系。刚才提到无人平台的分类，我简单分一下，包括微型、小型、微小型、重型。国内百花齐放，做得比较多。我认为除了智能方面有一定的差距之外，在平台能力方面还远远不够，在吨级以上还远远没有达到平台已经很成熟的程度。

马献英：

刚才看到介绍，在无人机动平台这块，部队用现有装备实施无人控制，解决的问题是电磁环境，进行有效的整合，把很多新颖的结构进行整合，现在有很好的平台，通用性很好，经过几十年的使用可以开发成无人作战坦克、无人后勤保障、弹药输送装备等都可以无人化。

刘尚合：

关于无人机动技术的未来发展趋势，大家有各种观点，要引领我们这个领域的发展，不是具体哪一个项目、哪一个平台，当然需求很重要，不管是国民经济发展，还是军事领域，无人平台都要适应复杂电磁环境。

刚才邹丹主任介绍，国外的无人作战平台有很多关键技术要突破，传感器也是一个关键，传感器不仅仅适应复杂电磁环境，也要适应未来的多物理场，刚才发言讲到电磁环境，其实不仅有电磁场，还要考虑电离辐射场。举个例子，尽管国际上规定不能使用贫铀弹，但是美国在海湾战场照样使用，所以考虑电离辐射场对无人平台的影响是有道理的。

主题：

地面无人平台的发展需求和应用前景

时间：

2015 年 9 月 23 日下午

地点：

燕岭宾馆南楼二层多功能厅

主持人：

张兵志

张兵志：

各位专家、各位代表，下午我们接着开会。上午在刘院士的主持和引导下，大家讨论得很热烈，有很多新思维、新观点，也有交锋，通过这样一种发散式的交锋，大家都有所悟，都有一些感受，也很有收获，下午我们接着来讨论。下午前半段，我们进行这次沙龙的第二个单元，围绕地面无人平台发展的需求和应用进行讨论。首先请装工院的刘向前高工作主题发言。

国内外地面无人系统发展状况

◎ 刘向前

各位专家下午好，我代表课题组汇报一下地面无人系统的一些发展情况。

1. 国外发展情况

当前，从整个无人系统包括地面无人系统发展来看，美国走在世界前列，不管是装备发展还是技术发展，都是有代表性的国家，我们一直在跟踪其发展。2014 年美国的新国家安全中心发表《20YY：备战机器人时代》，文章提到，过去几十年中，各军事强国军备竞赛突出的是以制导导弹和战斗网络为核心的作战体系，这个体系当中美国一直是先驱者，但随着领域技术的广泛扩散，美国在这个体系中享有的优势逐步减弱。为保持其长期的军事优势，美军认为，深层次的变革要转向一个全新的作战系统，其中无人系统将发挥核心作用。这个过程的推动具体体现为：攻击型网络技术、先进计算技术、人工智能、多传感器融合、电能武器、小型化技术等新兴技术的迅猛发展，同时新的军事技术、作战概念和编制体制相结合，极大地提高了军事效能和作战潜能，这种条件下，一场军事技术的革命就要来临了。

该文提出一些结论，如：获胜者可能是那些将机器和人类智能独特优势利用并发挥到极致的人；我们可能身处一个新时代的前沿，这个时代被称为机器人时代。应该说，美军的进程已经在悄然进行中了。根据公开数据，美军在之前已经部署了大概超过 1 万台的各种类型的地面无人平台，参与了"持久自由行动"和"伊拉克自由行动"，截至 2010 年 9 月，这些无人平台已经执行了 12.5 万项任务，支援了一系列的军事行动。到目前为止，美军发展出小、轻、中、重四个吨位级的无人系统，涵盖了作战应用、预警侦察、安全巡逻、战场救护、简易爆炸装置探测、探雷扫雷和后勤保障等诸多作战领域，技术发展从遥控发展向半自主和自主方面转变，自主能力不断提升。

当前，为促进未来陆军装备体系科学演进，抢占战略技术制高点，各军事强国都在积极开展地面无人作战系统的整体规划和发展路线图研究，构建科学合理的无人装备系列和技术支撑体系，这个对于我们目前来讲有很多借鉴意义。

2. 我们的发展设想

在技术发展层面，可分为总体技术、机动平台技术、自主行为技术、指挥控制技术、任务载荷技术等技术群。对于技术发展推动，挑战赛是个好方式。挑战赛起到了加强应用引导作用，同时也是对我们国内技术的集中检验，吸引国内研发力量的关注。

这里对地面无人平台挑战赛的情况做一个简要介绍：2014年9月，"跨越险阻2014首届地面无人平台挑战赛"举办，在国内引起巨大反响。比赛聚焦于考核地面无人平台在典型战场、地形、地物环境中的感知识别能力和规划控制能力。比赛考核的科目，包括正障碍（拒马、街垒等）、负障碍（弹坑、水坑等）、动态障碍识别与避让、隧道通行、动态路径规划以及越野机动。我们认为，军用无人系统与智能汽车相比较有很大区别，大家也能感受到，地面无人系统关注的战场环境更加复杂，执行任务的难度更大，对平台的要求更高，考核也更加严酷。

后续的比赛将进一步扩大比赛的内容和发布的范围，将重点考核地面无人系统完成典型任务的能力，比赛将更加贴近战场背景，突出实用化特色。欢迎相关研究团队关注和参加我们的比赛活动。

张兵志：

刚才刘向前高工做了一个专题的发言，下面我们用一个小时的时间讨论，我们这一单元主要讨论的问题有三个方面。

第一个方面，关于地面无人作战平台的需求问题。这个需求问题到目前为止尽管研究了几年，但是难度很大，想把需求问题说清楚，确实不容易。因为按照体系结构的分析方法，需求是一个由军事背景，向任务域、能力域、装备域、技术域逐层转化映射的过程。在任务域，面临未来新的战场环境，我们要勾画无人作战平台的任务清单；能力域，对于完成任务要拿出能力目录；装备域，满足能力需求的装备解决方案；技术域，支撑技术体系的构建。到目前为止这些方面都有一些粗浅的认识，但是我感觉这方面的差距仍然很大。

另外需求的生成过程，本身是一个由潜在到显性、宏观到微观、非结构化到结构化，这样一个动态递进、反复迭代、逐步逼近、螺旋上升的过程。一说需求问题，绝不仅仅是军方的事，我们把需求生成过程，现在叫双牵引、双驱动，需求牵引和技术的推动，两个轮子互相交互，互相启发，共同作用才能对需求问题逐步认识清楚。因此我们想，我们的研讨也算是一次迭代。第一个方面就是围绕需求问题，我们可以做研讨，今天上午专家们已经谈到了需求问题，但不是很清晰。

第二方面，关于应用。到目前为止，根据国外的经验，加上我们的研究，有一些设想，现在有7个方面，如战场侦察、引导、毁伤评估、突袭、定点清剿、作战物资的输送等，这几方面列出就可以看出来，现在作战背景的每一方面都对地面无人机动平台提出了需求，需求的面非常广。围绕这些任务，研究怎么应用的问题，涉及的领域也很多，比方说，涉及了编配、任务剖面和任务流程，战术行动，要素的融合还有协同等问题。目前我们虽然在一些领域，对一些典型应用模式有一些设想，但是到目前为止还是粗浅的，需要研讨。

第三方面，在需求和应用研究的基础上，还想再深化一步。上午也听了好多专家的发言，也有这方面内容，关于我国的地面无人作战平台发展策略，也想听听专家的意见。因为大家都有一个感觉，跟发达国家比，我们目前在这个领域的发展比较滞后，而且跟空中和水面比，我们陆地的这部分也比较滞后，但是我们还真想在这一轮的技术发展当中，不走被动式跟踪的老路，需要加快这个领域的发展。

从目前看，我们感觉到有些有利因素，一个方面就是大家在认识上我们认为还是一致的，感觉到发展的必要性没有什么问题，没有异议，跟10年前相比，大不一样。因为10年前提出发展无人平台，有人认为，我们国家这么多人，弄无人的干什么。但是10年过去了，受技术发展趋势的裹挟，大家的认识是一致的，重视程度也很高，我们感觉到现在问题的关键在于，要找到一条又好又快的适合我们国家的发展道路，这个是比较难的。尽管大家都着急，但是路子走不好，仍然是欲速则不达，关于这个方面我们也需要大家出谋划策。

在顶层设计层面，我们是否形成了战略规划，有没有战略布局，我的感觉这条不行。发展路线图已经研究了几年，到目前为止还没有成形，感觉顶层设计方面还有缺陷。在技术层面，我们感觉到更关键，因为技术是推动这个领域发展的源动力，最根本的动力在技术，我们感觉到还有些薄弱环节。前期我们做无人平台的，我的体会是大家都选了现成的平台，做环境感知、智能控制、路径规划等，平台本身的事涉及的很少。实际上平台本身也有很多问题，上午有的专家也说了，无人平台的两个问题，一个是有人无人问题，还有平台的问题，以前都是利用现成的平台作为研究基础。

在应用方面，我们感觉到需要做的工作还很多，现在找了几家演示样机，做一些实地试验，也想通过不同方式推动我们这个领域的研究。在机制层面，比如现在的军民融合战略，看是不是能够把大家的积极性都发挥起来。在工作层面，我们也曾经设想，技术攻关、需求研究、作战应用，甚至评价评估，几个层面能不能同时开展，并行发展。关于这些问题，都希望大家出谋划策。我们想主要围绕上述三个方面来做研讨。

另外，看了今天上午讨论的情况，感觉大家仍意犹未尽。因为是沙龙，围绕上午的问题也可以继续发言。根据大家上午的发言，我也想了一下有这么几个问题，一个问题是我们对地面无人机动平台的本质特征怎么理解，上午有的专家已经谈到了，我觉得还需要再聚焦、再深化，尤其是在不同的领域怎么看。比方说在物理领域怎么表达，信息领域怎么表达，今天上午有的专家还说到哲学领域，从不同角度对本质特征都有不同的理解，这个问题弄清楚之后，对我们解决其他问题很有指导意义。

第二方面，地面机动平台的复杂性特征体现在哪儿？这个问题实际上不是今天提出来的，好多年前不同领域都说这个事。搞地面的都说地面的难，不光我们这个领域说难，搞地面隐身的，他们比我们更难。空中隐身背景很干净，但是地面目标，由于复杂的地表特性，搞隐身很难。上午我们说跟地表环境匹配的实时性、紧密性是空中、水上没法比的；还有地面平台中，多种环境应力耦合，长时间连续交变载荷，这个特征很突出。车用发动机在坦克上用，因为是连续交变载荷，只能用几百小时，但是要放在船上带动螺旋桨可以用几千小时，这方面我们也得总结，总结这些干什么？特殊性找出来是要牵引特殊的技术。

第三方面，今天上午我们的主题是发展趋势，听得出来，好多专家都有些新的建议、新的思维方式，我们需要归结出几点来。比如我们在总结装备发展趋势时就概括出了几个化，信息化、一体化、智能化、精确化、隐身化、通用化等，大家都达成了共识。关于地面机动平台能不能总结出几个"化"？如自主化、高适应化、有人无人融合化、技术上的仿生化、协同化等，从不同角度总结出几个"化"，作为我们大家往一条线上、一个方向上导引的趋势性的东西。讨论的时候，思维方式可以开阔一些，不限于这个单元。

陈　劲：

我们公司最近几年一直在研究全地形车，主要研究新型平台，以及在各种复杂地域的通过能力。最近几年我也到很多部队做过调研，也参加过多次演习，是真正参与进去，而不是说看一看，也跟他们上场跑过，对部队的需求还是有一些了解。我从两个方面来谈一谈我的观点，一个就是从无人车的需求方面，从我们到部队了解的情况来看，比较热点的几个边界地区都是丛林和山林高地，地貌非常复杂，即使是有人的车辆，包括我们的各种全地形车，通过非常困难，更别提无人的。有的指战员明确说，我再傻的兵也比你的无人系统聪明，这些指战员也是在积极研究未来的作战模式，而不是随便说这句话。

我们反过来想，无人车的需求，应该是一种需求一种领域，是非无人不可的需求，这可能是一个突破口，而不是说我们前面提到的侦察、引导、火力打击、后勤运输，这些都不是非无人不可去做的事，要在短期内把这些事情发展起来，再加上本身的技术难度，我们感觉比较困难。根据最近几年在部队看的情况，我们发现有两个地方是非无人不可的领域，一个就是在各种演习过程中，我们打的靶都是死靶，从各个演习的新闻报道上面看得出来，都是一开始飞机过来，或者远程火力，直接命中目标，实际上那都是经过前面一两个月反复演练，坐标早就算好了，靶子在什么位置早就找好了，一发就能打到。我们看到之后和部队讨论，提出应该有一个可以运动起来的靶，这样才更加符合实战，我们的部队多年没有经过真正战场的检验，武器装备究竟适不适合这种运动起来的对抗？这个是非要不可的东西。

我们这一两年也在这个方面做了一些工作，首要问题就是解决成本的问题。这种东西贵，现有这些无人平台用在已知的环境，相对适应性好一些，难度是成本怎么降下来。我们公司最近这一两年在这方面做了一些工作，目前能够把这个成本控制在几万元的水平。再说一下对无规则运动靶车的需求。我们曾经在某个部队演习的时候，做过拖的靶，拖在无人车后面，沿直线行进，10千米的时速，就走直线，上面的战斗机对着它打，打不到，说明我们对这种运动目标的攻击还是需要有极大的提高。接下来是怎么降低它的成本，进一步怎么更加精确，你模拟一个什么就要像什么，它的外形特征，红外特征，还有它运动的速度，战术的意图，这些我们全部要模拟真实，甚至更进一步，它可以集群，模拟对方的装甲连或装甲团以及战术意图，当然也可以再装上一些激光对抗的设备，可以进行红蓝两兵之间的实兵对抗，这是一个方向。另一个，我们认为是边防的无人值守，现在在边防部队，他们有一项任务，就是要在晚上需要到边防线上守着，防止有人越境。特别是在北方，包括西藏等地方，冬天的晚上非常冷，人待一晚上，对人的考验非常大，这种任务对无人车来说，难度就不是那么大，从这个方向也是可以突破的。这是我讲的需求，我认为从这两个方向，一个是技术难度不是那么大，二是非无人不可，或能极大降低人的工作强度。

我简单说一下地面无人平台环境感知的困难，我们做遥控型的无人车，半自主的我们也做过，遥控的真正放到非道路地域，行驶非常困难。比如前面有一丛草，就算在可视范围内控制它，也不敢让它开到草丛里面去，因为不知道草丛里面是什么。真正我们实验的时候，还需要一个人站在车旁边去引导，草里面没有问题，可以来，这就毫无价值了。我觉得真正要实现这种非道路地域的无人行驶，不管是遥控还是自主或者半自主，在短时间内是非常困难的，我建议的一种方案，自己的观点，第一，还是从这种可知地域做起，比如刚才说的靶车，训练场或者说这种边防的无人值守，也是我们可控的范围内，在这些地域我可以提前感知，提前探测出来，建立三维地图。第二，大幅提高机动平台在非道路地域的通过能力，通过能力高了，比如偶尔出现一个大的障碍物，自己就能开过去，这也是可以的，或者有什么突起的障碍自己能过去。这两方面结合起来，能降低环境感知的难度。

杨秀月：

我代表我们项目组也谈一下步兵地面无人作战平台发展需求和设想的一些情

况，今天给大家汇报内容有两个方面：一个方面是步兵地面无人作战平台发展需求；第二方面是步兵地面无人作战平台发展设想。关于步兵地面无人作战平台，我们主要考虑徒步突击系统，也就是说地面步兵所用的这些编配、侦察、特战系统，在吨级以下，轻一点的无人作战系统，主要跟单兵班组机动协同作战，单兵操控或者自主控制运行，代替单兵班组在这个环境下执行我们刚才说的任务。

现在我们在机械化和信息化复合发展的阶段，无人装备只是作为有人的一种能力的拓展或者部分代替人来考虑的，还没有更长远的考虑，无人作战之类的问题，因为我们还认识不到那个层次，我们是基于现有的这些作战模式来考虑的。我们对步兵地面无人作战平台做了初步的框架，是好多类平台的集合。战场感知这块包括环境感知、目标的探测、核生化探测；从火力打击来说，有生目标杀伤能力，指控协同有定位导航、位置告知或多平台协同；战场机动能力这块，有自主避障能力；环境适应能力方面比如说防潮、防腐、抗寒、抗风沙能力；综合防护能力，有抗干扰等能力。这还是很初步的一个框架，有些能力提得高了一些，有些能力也是现在部队提出来一些急需的能力。

地面无人作战平台在应用过程中，有不同的一些样式，比如山地丛林作战，需要定位导航、位置告知这种功能，在这方面我们对它的能力做了一个初步的梳理。在山地丛林中作战，有些比较特殊的性能需求，我们梳理了一下，一个是重量轻，便于携行。山地丛林很难机动，一般情况下要能携行，最起码拆分以后也能携行，不能携行的在山地丛林里基本上对徒步步兵来说是没用的。第二个，较强的防潮、防腐蚀能力。在丛林环境下用的时候，这些光学器材、探测的元器件能不能行。第三个，在机动上来说，必须强调穿林机动能力。第四个，通信稳定和位置告知功能。

对于高寒山地，除去刚才提的这些任务以外，另外还有三个目标：一个是后勤支援保障，人的体力下降很快，需要帮助携行物资，制氧这块也比较需要。第二个，自动搜索与火力打击。在高寒山地，山洞地形比较复杂，无人平台可以去危险环境执行任务。第三个就是弹道修正。高寒山地的地表会发生变化，对弹道修正有特殊要求。在高寒山地，从无人作战平台的性能上来说，重点要注意这几项，一个是抗寒抗冻，至少低温 −20℃以下可以运行；第二个是抗风沙、抗强光照射、避障和越障的能力。

城市街区中遮蔽物很多，这个时候应用地面无人作战平台需要的一个特殊性能就是避障越障，这个越障主要是街区里的地下管道，包括楼道等越障。第二个是近距离侦察打击，因为街区作战一般是一转眼就能看见，必须有较强的侦打一体能力。第三个是快速机动能力，街区里机动速度太慢，很容易被近距离混伤。第四个是伪装隐蔽能力，因为街区里都是近距离的。

上面介绍了几种典型环境下特殊的性能需求，下面介绍一下发展设想。跟刚才刘高工说得差不多，我们项目组认为，如果给地面无人平台分类的话，我们把5千克以内的称为微小型，5~50千克的称为小型，50~300千克的称为轻型，还有轻型地面无人作战平台，1吨级左右。

微小型的使用方式很明确，所有部队，无论是不是特战部队，对便携式的无人平台都非常欢迎。这个平台就是重点解决可靠性问题、通信稳定性问题，这是非常重要的两个方面。从我们现在目前的发展思路来说，可能有轮履式和仿生式这两个重要的方向。

第二个，小型地面无人作战平台，40千克级也好，50千克级也好，主要考虑拆分以后可以携行，在这个数量级，不论模块化拆分成几块，不管怎么拆分，我们主要考量它是伴随步兵作战的，在一定的特殊环境下，一些大的平台都到不了，只能靠人徒步过去的时候，可以拆分携行，主要是作为以侦察为主，打击为辅的平台。履带式和轮式模块化相对容易一些，对仿生式的，我还是想问一下各位专家，能不能做到模块化，如果不能模块化，这个平台很尴尬，50千克级不大不小，又不能拆分，跟着我走不了，我就把它扔了，这是我们的一种初步考虑。

轻型的，300千克和1吨级的，我们认为，作为火力平台，重点是考虑现有的班组的伴随支援火力，比如说重机枪或榴弹发射器、反坦克导弹，成为伴随步兵作战的平台，形成人和武器分离的模式。同时也考虑，将来作为伴随支援保障的轮式、履带式或仿生式的小平台。

张兵志：

这是从轻武器，伴随步兵作战角度的需求说的，闫科主任说一说。

地面无人平台的应用与需求

◎ 闫　科

　　我跟大家沟通的是地面无人作战平台的需求，上午大家说的军事需求已经很清楚了，我的感觉，军事需求很强烈、很迫切，但是具体的需求真是不清楚。上午大家的讨论就很发散，今天下午讨论的时候，我们听前面两个报告，应该还是比较明确的，但是我觉得聚焦得还不够。前几次我参加了咱们无人平台的研讨，给我的感觉，现在的技术从应用这个角度已经具备了，但是我们这么长时间没有看到几个真正能用的东西，所以我觉得在对需求的把握和理解上还是有一些不聚焦的地方。我今天汇报三个方面的问题：第一个是关于地面无人机动平台的作战使命，第二是无人机动平台的应用模式；第三个是军用无人机动平台的一些基本需求。

　　1. 地面无人机动平台的作战使命

　　首先从地面无人机动平台上的使命来讲，我们要确定到底让它干什么，大家有各种理解，我总结有四个方面。

　　第一是伴随，它是伴随作战人员或者有人作战平台遂行各种作战行动，有些特别独立的应用，我觉得没必要追求，应该具备与作战人员或者地面有人作战平台基本相通的作用，基本相同的机动能力，能够随时保持与作战人员或与有人地面车辆装备同走、同停、同部署。

　　第二，它的涉险应用，它应该是代替作战人员或有人作战平台完成高危高难的任务，也就是说它应该是辅助人，或者代表人，但绝对不是取代人。无人作战平台应该不是去完成作战人员不能完成的作战任务，而是要在情况比较紧急，环境比较恶劣，人不想去、不愿意去，或者去的难度比较大的时候用，主要的目的是降低人员损失风险。

　　第三，多能，具备遂行多种作战任务的能力。我觉得无人机动平台这个概念包含三点，我们上午讨论都在无人上讨论，实际上机动平台仍然是两个点，第一个是平台，平台就要有承载能力，就要有搭载任务设备的能力。第二个机动，现在停在哪儿的无人东西很多？比如最简单的交警的照相设备，竖个杆子就可以。现在边防部队的管控大量使用监控设备，也不是不行，就是不具备机动能力，因此，除了无人这块，机动和平台应该均衡发展。

刚才我们总结了7个应用方面，也不止，按照我刚才说的任务，人能干什么它就能干什么，人有多种任务，它就有多种任务，就是要随行，具备能够代替人去完成任务的多任务能力。

第四个，执勤，也就是代替人遂行一些常态化的、反复的、持续的任务能力，刚才大家讲边防这是对的，在固定的线路和区域进行常态化的巡逻，或者在指定的位置和区域的警戒潜入，或者遂行一些具有明确行动规则或标准程序应对和处置的任务。

2. 无人机动平台的应用模式

当前无人作战平台的发展过于追求高精尖、高智能或全自主，迟滞了进入武器编配体系的进程。按照我们理解，无人机动作战平台的应用模式，首先是有人控制，运用无人平台的战争，不是完全无人化的战争，一定是在有人控制下的战争，至于说这个控制是遥控还是自主规划控制，那是技术发展水平决定的，但绝不是完全脱离人的全智能控制。因此，无人作战平台的基本运用模式就是在作战人员或有人作战平台的控制下遂行作战任务，具体控制模式可能是近距离遥控或远距离编程控制，重点要提高各种控制模式的可靠性，延伸可控制的距离，防止失控。

第二个，它的运用模式是武器装备的整体体系构成，作战平台不会是独立作战的体系，最多是作为一个作战平台，一个体系内的作战平台单元，与其他有人或无人作战平台单元构成作战体系，整体进行应用。所以无人作战平台需要在完善自身技术的同时，兼顾与体系内其他有人或无人作战平台的体系融合，按照完整的作战体系构成要素进行针对性设计。

第三个，要行动控制。无人作战平台作为作战体系的一部分，必须依据作战体系的任务需要合理分配作战任务，增强与其他平台的任务协同能力，形成与其他平台能力的互补，行动协调的运用方式，必须得考虑跟别的有人平台或者是人进行协调。

第四个，整体运用。无人作战平台作战系统效能的发挥一定是在作战体系内，通过与其他作战平台的高效合作，互有分工，整体发挥作用。我不希望出现一个全能型的平台，也不希望在一个平台上赋予太多的任务，而是根据作战任务的需要，分配一些职能。

3. 无人机动平台的需求

结合作战使命和运用模式，我认为基本需求包括以下几个方面。

第一，系列化的需求。今天上午很多老师都说了这个问题，我觉得无人地面平台作为武器装备体系的构成部分，首先应该遵循武器装备基本的系列化要求，形成大中小微系列、轮履步系列、战保勤系列，这个系列可能有装备形态上的，也有任务形态上的，大家应该在这上面有共识，但是可能理解不太一样。

第二，通用化的需求。按照特定的功能需求设计，这个应该说无可厚非。但是也应该遵循基本的通用化需求，尽量在现有平台基础上进行设计，通过加载任务模块的方式形成新装备。2014年的"跨越险阻"挑战赛，大家都在选择现有平台，这不是人家的问题，这是平台的问题，平台没有出现更丰富的可用的成熟的东西。人家在这个基础上生成现在的模式，可鼓励。按说就应该在现有成熟的甚至是现役有人的一些平台基础上做无人化，恐怕更符合这方面的要求。

第三，一体化的需求。无人地面作战平台作为陆战场作战体系的构成部分，要与体系内其他有人或无人作战平台保持互联互通的作战能力。首先，控制应该是一致的，其实现在无人控制机动平台最大的问题是控制问题。2014年"跨越险阻"挑战赛中的所谓抗不了干扰，是用了一种根本不具有抗干扰能力的手段，在军用无线电领域，也存在这个问题，但是可靠性比那个强得多，咱们没用。假如要军用化，这类的东西要优先从我们成熟可靠的这些手段里选，满足一体化需求。

第四，便携化需求。无人地面平台具备与有人作战平台，同走同行同部署的能力，这不一定要求无人作战平台通过自主完成，而是要求无人作战平台具有便携随行能力，刚才说成系列，大中小微。大家一般习惯从吨位上来说，我原来跟他们讨论这个，我说除了吨位，还应该从使用上和尺寸上说。我举一个简单的例子，什么叫微型，微型就是我一个人就可以拿着走，一个兵就可以拿着走，这叫微型。什么叫小型，小型就是我一个人不太好拿，但是我几个人拆一下就可以拿走，或者我坐车它也能跟我上车走，这叫小型。重量级可能就200千克以内，50千克以上都是它。什么叫中型，就是我肯定抬不动，但是我可以拖着，车可以载着你，比如说我们现在的牵引火炮这种型的，我坐汽车上，汽车可以拉着你走。什么叫大型，大型就是谁都管不了你，你必须自己走，我走你就得跟着走，我也拖不了你，车也载不了你，否则就得考虑给它的载具，这个就是不便携。

第五，低成本的需求。无人这方面的科技含量是比较高的，但是也不能高到用不起、消耗不起。我倒有个观点，无人机动平台就是要代替人去涉险作战的，去替人承受损失的，不怕消耗，要把无人作战平台当作作战的消耗品进行设计，甚至可以作为一次性的消耗品进行设计，降低平台使用维护的成本。平时训练考虑回收的问题，打仗的时候不要考虑，用完就走了，照这个设计能用就行。

马春茂：

我从火炮的角度谈地面无人作战系统，从三个方面即内涵、现状和展望，向大家汇报。

首先是其内涵。从需求方面看，我们认为无人作战火炮系统，具有防空作战、防御作战需求以及地面压制和城市反恐等需求，都能发挥积极作用，满足多种作战的需求。

无人作战火炮系统应该是由无人运载即无人机动平台、任务载荷、环境感知与指挥控制系统，自主协同和决策系统等组成。以其特有的全方位全天候作战与生存能力、多任务执行能力和效费比高等这样一些优势，能够满足多样化作战要求，实现火炮的三种作战模式，刚才说的防御、突击还有压制。

开展无人作战火炮系统方面的研究，对于推动我们火炮武器系统的信息化、智能化的发展，以及无人化和网络扁平化发展具有重要意义。

第二部分是现状。从整个发展历程看，国际上也是从20世纪80年代开始，军事用途的无人车辆出现；紧接着进入90年代后，逐渐开展"大而全"的各类无人作战平台研发，用于各类特殊用途的无人平台渐渐成熟，开始装备部队执行战术任务；最后到了21世纪初，各种"小而专"无人作战平台日益受到重视，充分结合人类智能的半自主无人作战系统研究成为主流，复杂环境识别技术的发展，拓宽了地面无人平台的应用范围。

美国对无人系统有一个整合路线图，从2013—2038年重点发展三个方面即无人车、无人机和无人艇。我们理解是把无人系统类别应该划分为四种类型：防护类（爆炸物处理、核化生防护、扫雷破障）、保障类（物资运输、保障战场机动）、单兵使用类（战场侦察等）、武装无人车（辅助作战、侦察等）。

地面无人作战火炮系统是武装无人车的重要组成部分，国外发展比较活跃，国内刚刚起步，主要体现在无人炮塔、遥控武器站、无人火炮三个方面。

第三部分是展望。地面无人作战火炮系统正向自主化、协同化、多样化方向发展，促使武器装备的轻量化、信息化、智能化水平不断提高。首先应该重视系统总体设计和结构布局以及任务载荷减少后座阻力技术研究。无人火炮作战系统空白的原因是火炮后坐力比较大，刚才讲地面无人平台的载重量不是很大，对其减阻技术的研究尤为重要，建议发展膨胀波型各类火炮系统。与其他减阻方式相比，膨胀波型火炮有两个特点：一是减阻效果最大、最好，如能工程化应用，将是火炮发射技术的一次革命性进步，对长远发展具有重大意义；二是低阻力自动炮最大限度地适应了中小型地面无人车的发展需求和适装要求，有广阔的发展前景。

建议对下面四个方面技术做好积极探索和深入研究：一是智能化自主控制与管理技术；二是环境感知与自主决策技术；三是自组网和自主协同技术；四是跟踪瞄准和精确打击技术，以便为提升无人装备多任务执行能力和智能化水平提供技术支撑。

张　鹏：

伴随智能控制与传感技术的飞速发展，无人平台技术正在全世界范围内如火如荼大力发展。我国也在20世纪末进入这一领域开始全面探索。历经20余载的技术发展，我国已经在该领域取得大量技术成果，基本完成了感知、智能控制、自主规划等核心技术储备，然而由于在当前的全世界范围内，无人装备尤其是地面无人机动平台与有人装备联合协同作战的现代化战争模式仍然处于军事发展预测阶段，真正的实战应用仍未出现，从而导致无人装备的战场应用需求不够明朗，在一定程度上阻碍了无人装备技术的快速推进和推广应用。如何在这一技术发展关键时期，进一步注入推力促其发展，除了需要尽快论证、明确军事作战需求之外，还可"曲线救国"，从非军用路径进行无人平台技术的拉动，有效促进这一技术的发展、完善与成熟。

众所周知，长期以来各国军事技术水平往往代表着一个国家的最高技术水平和能力。各国都在积极推动自身军事领域的技术发展。然而，纵观美国、德国等军事强国的科技发展，不难看出他们的民用技术发展几乎与军用技术的推动并行并重，采取的是同步发展模式。一方面通过高端技术资源整合与较高科研经费投入，实现军用技术的跃升与引领；而另一方面则利用民用科技创新与激励机制，实现高端技术在一定范围和一定程度上的推广、应用、验证和进一步地完善，3D打印技术的快速发展和应用就是很好的例子。因此，无人平台技术推进同样可以借鉴这一发展模式，采取军用拉动和民用推动双管齐下的发展策略。能够支撑这一论断的理由就在于：尽管在当前的论证技术水平条件下，地面无人机动平台的军事需求仍然存在大量的未知数，性能与功能的配置需求在一定程度上是对大量隐性目标的探索，但相形于朦胧的军用需求，明朗、迫切的民用需求在某些特定的应用领域，也同样有着十分接近、甚至是完全等效于复杂军事战场环境的引领优势。基于这些民用需求牵引，充分利用民用市场的灵活、高效、上量快、验证充分、改善渠道广阔以及资源整合潜力大等诸多优势，可将无人机动平台技术进一步推向成熟，满足未来的军事战场需求。那么以民促军的突破口在哪里？——抢险救灾领域。

我国幅员辽阔，地理环境复杂，自古以来一直处于地震、雪灾、洪涝等自然灾害频发状态。除了自然灾害，由于我国目前人口基数大，发展速度比较快，发展不平衡，近些年来，人为非自然灾害、爆炸等也时有发生。2015年发生在天津的化学药品爆炸给我们敲响了警钟。面对自然灾害和非自然灾害造成的路面破损、道路堵塞、山体滑坡、毒害气体等环境，普通的救灾车辆难以通行，武警战士不得不离开车辆，以牺牲生命为代价执行抢险救灾高危任务，这一现状正是反映了对无人装备的迫切需求，即"牺牲人的地方就是无人装备发挥作用的领域"。

反过来讲，就抢险救灾对地面无人机动平台的功能需求而言，精确的环境态势感知能力、智能路径规划能力、自主控制行驶能力以及重要的高通过性底盘技术，无一不是未来战场对无人机动平台的核心需求和要求。换言之，能够应对复杂多变的抢险救灾环境，实现自主规避危险、自行规划可行路径、探测和反馈灾区态势信息、实现伤病人员施救以及救灾物资的补给等，也就向着未来战场的实际应用迈出了一大步。下面仅以地面无人机动平台的高通过性能为例，谨作抛砖引玉。

在未来的城市战场上，高楼倾塌、公路塌陷、弹坑与废墟阻滞随处可见，利用高通过性无人机动平台，灵巧地躲避弹坑、穿越废墟获取和回传敌情与战场态势，将是无人机动平台的重要使命。可以想见，为了实现机动平台的高通过性，无人机动平台应具备优良的悬挂系统，不仅能够在公路条件下实现灵活快速的机动能力，同时也能在复杂的地形环境下实现一定的越障与攀爬能力。如何实现这一目标？当前的设计方案和结构是否足以应对复杂的战场环境？如何加强实地复杂环境的考核和验证？若想回答这些问题，单凭对未来无人作战环境的理论分析和预测，恐怕不可避免会存在较多的主观臆测和推论，距离实际战场应用还有不小的差距。而放眼当前的抢险救灾任务，阻滞、火情、塌方、爆炸、毒剂、通信阻断……无一不是真实战场环境的缩影。以汶川地震现场为例，地震发生后主要干路垮塌，救灾车辆难以接近震中地区，沿路随处都有因为突然塌方而翻下沟壑的救灾车辆。反观我们论证设计的具有高机动性和一定越障和攀爬能力的地面无人机动平台，显然同样难以应付如此严峻却又极有可能出现在实际战场上的复杂环境条件。而分析实际抢险救灾环境中出现的复杂情境，我们就可以更为深入地得出如下功能需求。

车辆在突发的路面垮塌（对应实际战场，可能出现前方道路突然中弹而垮塌）状态下，不可避免摔下沟壑，因此首先必须要保证车辆具有较高的耐冲击性，即"摔不坏"。反观无人机动平台的"无人化"特征，我们可以分析出车辆应具备耐高强度、高抗震抗冲击能力，但这一能力只要保证车内外设备、系统不会受高强度冲击而影响工作的稳定性，即便是远远超出人体的承受范围，同样可以较好地应对实战的考验。另一方面，观察到部分抢险救灾车辆翻下沟壑后整体翻转、底盘在上，我们可以分析如果换成地面无人机动平台，如若不能克服类似的车辆翻转带来的动力失效，就不具备在未来战场上的作战能力。通过深入分析我们可以设想能否重新设计车辆，增加特殊翻转机构，保证车辆翻转后自行进行翻转回正。而更进一步拓展思路——我们是不是还可以设计一种新型的车辆悬挂系统，即基于"无人"特征，将车辆的悬挂系统设计为正反皆可使用的多方向、无上下左右约束的全维度悬挂系统，保证车辆翻转后仍然可以正常行驶和执行任务。

除了上述民用需求可对无人机动平台技术实现更为直观、直接的强力牵引，我们的设想从论证到方案，从图纸到实物，同样还将进一步通过在真正的抢险救灾过程中进行实地考核和验证，得到不断的修正与持续的改进。

我们有理由相信，终有一天，在未来战场向地面无人机动平台发出出征号令的时刻，我们的地面无人机动平台早已具备了高超的作战性能和成熟的实战经验。

张兵志：

由于时间的关系，发言讨论就到这里，根据大家的讨论，我想说这么几点：大家讨论得比较多的，我的感觉就是对无人平台本质的理解还不一致，大家的表述不一样，有的表述用机器代替人，有的表述是人不能做的它去做。上午陈慧岩教授说到，无人平台本身是人机的融合，从这个角度说是比较好的点，不再讨论或争论有人和无人，从形势上看，应该是平台没人，但系统有人。我的理解是这样，人与机的结合方式发生了变化，人与机融合之后达到最佳的效果。美国20YY总结中，人跟机的优点发展到极致，取得跟原有的人机结合方式不能实现的一个更高的效率，这时候这个系统就有效了，一场新的技术变革就到来了。美国的察打一体无人机，攻击的时候必须人来决策才能攻击，不是自己就去打了，把图像传回去之后，是在后面的控制室里控制它打击的，整个系统是人机结合方式发生了变化。

第二个关于需求，大家谈了很多，我总的感觉，宏观的需求有，框架式的有，而且这个需求很迫切，也很明确，范围也很广。但是需要上升到这样一个层面，我们搞系统设计的希望有目标，有约束条件作为实际输入，一到机器层面，跟技术推动有关系，需求的牵引跟技术推动到一定阶段之后，这个问题才会是逐步清晰的。我们认为是一个反复迭代、螺旋式上升的过程，逐步细化和深化。

第三，关于应用，大家谈了很多，现在应用领域非常广泛，没有一个领域不用的。按照美国的预测，到2040年，甚至是机器人战争时代的出现，我认为这不是耸人听闻，以往我们感觉所有对于未来的预测普遍偏于保守，大家要在这个层面上有一个比较敏感的意识。但是就目前的情况看，我们的进度可能比较慢。随着技术的发展，我们一直在探索应用，现在我们已经把几家搞的样机进行功能应用演示，下一步还要继续做，做竞赛，就是挑战赛。

刘　进:

下面我们开始下一个中心议题，是地面无人平台高机动行走系统。今天上午前面几个专家的发言实际上把地面无人平台大概的需求做了很全面的讨论，主要是几方面：一方面是危险的地方，也就是说有冒生命危险的，比如战斗前沿、侦察、火力打击、核生化的地方。第二个方面是人员难以到达的，比如说地域方面的，高原、高寒、高温，包括地下涵洞、无人岛礁，这些都是人员难以到达的地方。第三个方面就是枯燥、繁重、反复的需要长期去做工作的地方，比如前面提到的巡逻平台，保障、运输、拆弹，包括需要长期部署的地方。高机动行走系统要适应整个无人平台的使用方式，下面首先请无人中心的张朋飞研究员做专题发言。

地面无人平台高机动行走发展趋势

◎ 张朋飞

我们提出机动和高机动，上午有人说了一个术语的问题，需要统一的概念和标准。我的理解高机动就是从一个地点到另外一个地点。有两个特点：一个速度快；第二个是可去的目标地点比较多、广。也就是说一个快，一个广。怎么实现呢，下面抛出我的观点。

第一个观点，行走系统是目前提高地面无人平台机动性能的一个突破口；第二个观点，自由度是设计行走系统的基础；第三个观点，无人车智能的向下渗透，是提高行走系统性能的关键；第四个观点，行走系统是决定以后无人平台设计研发的核心因素；第五个观点，可能未来的无人平台就是等于行走系统，叫任务执行系统或任务负载系统。最后提一个建议，关于无人机动平台的分类和分析标准。

为什么说行走系统是突破口呢？上午大家都讨论为什么地面比空中的、水下的、水面的发展得慢，刚才大家都有个共识，就是因为环境的问题，因为地面环境复杂，我们可以回想一下我们在设计有人机动平台的时候，我们首先考虑什么。首先是以人为中心来展开设计的，首先考虑跟人相关的三个问题，第一个就是考虑人类的生理承受极限，比如不能高振动、强冲击、高低温等；第二个是生命安全保障；第三个是操纵的舒适性，比如需要保持车的平衡等。我们可以想一想，没有人以后，不需要考虑的三个因素，这个车运动的范围，行走的方式，包括行走的速度等都可以跟有人平台有极大的不同。无人化带来的优势就是车的行走方式可以有所突破，如何发挥优势？从行走开始，行走系统就是提高无人平台性能的突破口，这是我的第一个观点。

第二个观点，自由度的设计是提高行走系统性能的基础，为什么这么说？我们先回顾一下，上午很多专家发言的时候，播放的 PPT 里有很多图片，大家能看到最传统的，比如轮式有两个自由度，就是一个转向，一个行驶；履带式有两个自由度，两侧履带独立驱动。再进一步，现在好多越野车，轮子又加一个自由度，轮胎的中央充放气，履带可以加主动悬挂，轮式车可以做成轮步式的，现在有四足机器人，双足机器人，还有单足的，再进一步提高自由度，有仿蛇机器人，增加自由度，合理设定自由度之间的相互关系，是提高行动系统性能的基础，这是我的观点。也就是说，以后行走系统功能降级了，就是自由度的设计减少。以后做可重构的机器人，行走系统重组本质上就是它的自由度相互关系的转变。

智能向下渗透是关键，大家说地面复杂，复杂在于环境，一个是平台难以到达，第二个是环境难以感知、探测，这两个实际上都带来平台难以到达的地方，我们可以通过改变平台的行走系统，比如说轮式、履带车到不了的，可以做成步行的；对环境没法识别的，也可以通过提高行走系统的性能，来降低上层感知规划决策系统中对它的性能要求，通过智能的向下渗透，提高对上层的性能。怎么向下渗透，首先是行走系统的自适应控制，过去是每个自由度有一个单独的驱动，自身控制就是需要让行走机构自身去根据地面环境的变化，根据路上障碍物有什么变化，自己控制自己，通过机构的方式，自由度之间的相互关系来控制。第三个，行走系统通过自身的传感器可以自己感知到地面的变化情况，自己调整和自由度之间的关系，来适应地面的变化。再进一步，可以做行走系统，给它智能化，智能控制，甚至自主控制。通过上层智能的向下渗透，可以提高行走系统的性能，进而提高机动平台的性能，我认为这是关键。

第三个观点，我认为以后行走系统是决定无人平台整体方案设计的核心要素。过去设计有人平台的时候，人是约束它的核心要素，从整体的角度考虑，没有人以后，通过行走系统影响无人平台的整体方案设计，什么样的行走系统，可能决定选用什么样的动力、传动。第二个，不同的行走系统，怎么来保证平台的平衡。有做遥控的知道，有一个"前庭觉"，负责保证身体的平衡。以后的无人平台行走系统怎么保证平衡？比如我们现在的轮式车、履带车，装了传感器，不用考虑传感器的平衡。如果是爬行的方式，比如"大狗"，它跑跳的时候，如果它的传感器固定安装在它的躯体上，那么传感器探测出来的图像就是跳。把前庭觉的技术引进来，做头部传感器的稳定，可能就会提高它的性能。

接下来，什么样的行走系统决定我们采取什么样的环境传感器，决定我们采取什么样的环境感知状态。比如说路径规划，从一个点到另外一个点，行走系统不一样的时候，路径局部规划是不一样的。常规的轮式车是一种不可及的行动系统，灵活性提高了一步。轮式车做全轮转向，零半径零差速转向，行走系统设计其他方式，行走方式会多种多样，常规的路径规划可能不适应自由度比较多的行走系统的需求。不同的行走决策也不一样，基于常规的轮式和履带式可能分开，对于以后自由度比较多的行走系统，这些模型可能就必须得融合在一起。我的这个观点是，行走系统是决定无人平台的整体方案的重要因素。

未来无人平台究竟什么样子，机动平台包括哪些部分？我的观点，未来的无人平台就是一个行走系统加任务执行系统。行走系统就像上午苏主任说的是模型的整合，所有东西都统一到行走系统，这是一个观点。第二个，任务执行系统搭载在系统上，柔性配置，按需配置，即插即用。所以，未来的无人平台，等于行走系统加任务执行系统。比如说人可能是行走系统，我拿上工具执行任务，拿着工具加上我的手可能就是一个任务执行系统。

最后，提一个建议，刚才大伙都提到地面无人平台的分类标准，尤其按重量等级分类，我们参加过一些标准的论证，也制定了我们单位的企业标准，按任务和功能分类，这个没有异议。如果按照智能程度来分类，按行走方式来分类，这和行走系统密切相关，不同的行走系统是不同的类型。最后一个，大家提到按重量来分，我们怎么决定小于多少千克是微型的？我们在制定企业标准的时候是这么来考虑的，比如说微型的，可能是单手单兵可以抛掷的，这个定义为微型的。第二种，比这个再重一点，单兵可背负的。第三种，可快速拆装、组装，多兵携带的，这是一种。再下一种，必须是自行，但是它可以由其他平台来运载，也可以作为其他平台的子平台。再就是自行，而且根据目前我们的飞机的能力，可以空投。最后一种，可能就是没法空投，只能自行。这是关于无人平台按重量等级分类的一个建议，究竟按重量怎么套进来，可能需要我们很多单位来一块论证。

刘　进：

刚才张博士提了五个观点，一个分类。有些提法是比较超前的，如果大家有兴趣，现在就可以发言。高机动平台这块，现在包括美国和中国，有一个很有特色的研究就是仿生行走，"大狗"就是一个代表。

张豫南：

我们院给军方列装了14套小型地面无人平台，它的特点是电机动性和可靠性都非常好。我们主要研究国外的无人平台，履带式的没法像我们这么转，转了之后履带就散了。在部队配完了以后，部队很欢迎，目前在演习上都用，在这上面可以搭载一些手臂进行排爆。为什么采用6×6？因为既有越野能力，又可以爬坡，可以上台阶，可靠性提高了，重量50千克。实际上对于无人平台来说，如果你能解决通信问题，都可以无人化，这是实质性问题。现在问题在于距离越长，本身的频率没有那么宽的带，这个车我们试过，如果视频延迟30毫秒，还没等你操作，就撞墙上了。这里就是远程遥控的很多技术没有解决。

第二款，这是混合电力驱动（图略），独立驱动，它的特点是机动性。同时它的加速性非常好，人在上边坐不住，它一转向的时候，能把人从上面甩下来。无人平台作战的特点是机动性非常好，作战的特点就是战术动作有人平台做不出来，过障碍的机动性非常强，越野能力非常强，混合电驱动适合于无人平台。这个是8×8（图略），国外没有的，我们研制的，一般的车是两个自由度，我们这台车有三个自由度，可以侧移，在作战当中有独特的战术动作，可以做投向的运动。为什么做成8×8？轮式可以在规则路面做动作，在非规则路面也可以适应。这是在不平路面的侧移和做头上的旋转（图略），越障还是不行，后来我们又研发了一项新技术，申请了国际专利，把履带车辆可以分三个自由度运行，可以爬行，这个技术是国外没有的，做无人平台，要突破国外的技术，我们希望能够和工业部门合作。这个技术无论在履带车辆上，有人车辆上还是无人车辆上都能用。爬32°的坡，轮式的爬不上去，利用这项技术后能有履带式的越野爬坡能力，有三个自由度的运动功能。在不平路面上，它的转向比履带车辆轻松得多。我们在冰面上和对开路面都实验了，具有良好的履带行走功能，我们希望能够在"十三五"期间把这个技术推广出来，具备侧移的战术动作，在作战当中很有意义。这是爬侧行45°（图略），轮子有一个不稳定度，这个不稳定度我们也给实验出来了。

四足机器人关键技术

◎ 李贻斌

我把后边要做的工作，可能要大家共同来攻克的一些关键性的技术，在这里简单说一下。关于腿足式的优势不说了，关于四足机器人下一步要攻克的几个关键性技术，有些是当前要做的，有一些可能后边要做。包括高强度的结构设计能力、高带宽作动器的设计、高能量密度的动力源问题、噪声控制问题、柔性控制问题、自平衡控制、复杂地形的动态规划，以及目标识别、避障，还有定位导航等技术，关于仿生驱动和可控发育机构是后期要做的工作。

腿足式机器人行走之后，腿部受到的力很大，是自身的几倍到几十倍，如果没有一个好的机构，很快机构就会损坏，可靠性和寿命都不行，这个是要解决的问题。

现在我们所采用的一些作动器的频率不够，影响了机器人的动态性，国内采用的一些作动器的频率很低，我们是在非常有限的作动器带宽的条件下实现更高的性能，限制了下一步的工作，因此我们要研究高带宽的作动器，这是要解决的关键问题。

再就是动力源问题，牵扯续航能力，我们要在有限的空间和质量限制下，尽可能提供更大功率，现在一说就说续航能力达到几个小时，我认为在当前的这样一个技术条件下，达到这个很难，我们要攻克高能量密度的动力源问题。

噪声控制就不详细说了，在驱动上，一旦高速都有噪声，关键是这个噪声如何减轻？

接着就是柔性驱动和柔性控制问题，机动强度达到一定程度之后，如何通过柔性驱动和柔性控制减轻它的冲击，使它能够保持更高的寿命，这是我们必须要研究的。在这点上我们也开展了一些工作，现在对单腿的一些柔性控制实验，我们也做了，这个机器人的整条腿是刚性的（图略），我们通过力的控制实现它在高空跌落下的柔性控制，只有做到这点，才能够让机器人真正走出实验室。这是平衡控制问题，这是必须要解决的，美国波士顿动力公司已经做得很好，但是对于我们来说，就是受制于前面我们所说的，一个由于作动器的作业频率，我们要想使它具有很好的动态性，还受制于一些因素影响。复杂地形的步态规划，对仿生机器人也是关键的问题，障碍物的跟踪和避障，也是野外机器人共同的问题。再就是定位导航问题。

对于仿生机器人来讲，仿生驱动肯定是要走的一步。人造肌肉今后肯定要做，这块不是非常远期的目标，可能是中期目标，我们在做仿生的时候，是不是也要布局一下仿生驱动的一些关键技术的攻关问题？上午有一个专家问，机器人是不是可以用动物来做，是可以做，但是存在一个伦理的问题。是不是可以培养这样一些可控的、可发育的机构，来实现仿人、仿动物的运动？也就是说仿生这样一个机器人，它不再是采用现在的刚性结构来进行设计，而采用可控制的材料，使它生长成某一个我所需要的机器人，在科学上来说这个目标更远一点。过去很多在科幻中的东西到目前已经实现了，科幻的东西并不是不可实现的，是可实现的。

另外，还有通用模块化可控重构机构，《超能陆战队》里面有小的模块，利用小的标准模块，来自动形成各种形状和形态的结构，这是不是可实现？我认为在不久的将来也是有可能的，就是通用模块化的机器人。今后的仿生机器人，可能要从仿生的角度走，那是最终的。对于移动的平台，当然不一定都要做仿生，轮子的或履带的都需要研究，但是这种结构可能需要在仿生机器人或者人的控制，真正仿生机器人应该是走仿生之路。

陈慧岩：

你说带宽的问题，作动器里边的四足阀是国产的还是进口的？第二个问题，关于泵站，是国产的还是自己做的，还是在国外买的成熟产品？

李贻斌：

第一，阀和泵站都是国产的，阀用的南京的产品，后来国内有几家的都可以用，从频率来说，我们的现在应该在100赫兹左右，再高了就达不到了。第二，动力源也是国产的，也是我们航天上用的一种，泵和整个液压站都是国产的。能用国产的就用国产的，但有些传感器不是。从我们的渠道买到的，可能跟国内的也差不了多少，但是可能通过其他渠道能够拿到更高一点的，但是我们当时拿不到，我们就坚持用国内的一些东西。液压站当时我们做的有重量要求，我们要用泵的话，高速的，可以做得小，对于重量这块要求不高了，我们可以做得更好一些。这一点201所做得也非常好。

龚建伟：

多足运动平台结构非常复杂，各位专家刚才已经指出了，我们在平台机构、关节伺服驱动、动力等方面有很大的缺陷和不足，差距很大。我想问一下，咱们现在和国外相比，多足运动平台的运动规划和控制方面有哪些差距？刚才大家介绍时都没有涉及这一点。

刚才大家把自己的复杂运动机构平台展示出来了，但大家注意到没有，这些车都是人在开或者人在控制这些机构的运动动作。为什么不能做自动或自主控制？是因为我们对平台的运动学特性和动力学模型没有上升到理论层次去建模，模型涉及后续运动规划控制，比如有的摇操作系统，操作员按一个键，平台就可以自动爬坡，完成一系列运动动作；有的多足平台的足部或者轮胎部分有地形的感应系统，能够在运动规划基础上适应更复杂的地形。运动学建模和动力学建模，对平台的行为决策、路径规划、运动控制都有重要影响，更进一步的高速平台，动力学特性也非常重要，平台运动控制首先至少要达到人跟开车的感觉一样，将来更要超越人的承受能力。刚才视频中刘昕辉教授驾驶国内铰接车时，速度快的时候，我想人会感到非常不舒服，所以如果要超越人的承受极限，在运动控制和动力学建模方面，我们要做更多的工作，这很有意义。

李贻斌：

比如说我们研究的四足机器人，可以在它的外形上，在它的结构上仿。但是核心控制的地方是仿不到的，研究腿足机器人，控制方法是核心，只有掌握或者攻克了控制上的一些难点，才能够把它快速地让它走起来，这点我相信苏研高工很有体会，我们对于控制这块，目前来说还是短板。

刘　进：

你刚才提到噪声的问题，从部队使用来讲，对噪声问题非常敏感，现在咱们实验阶段的噪声，应该说都比较大，那年在凤凰岭做实验你也看了，离得很远都能听见，针对这个情况，你觉得下一步在方案上会有什么改进的措施，美军好像也是这个情况，下一步有什么想法？

李贻斌：

关于噪声这块，到目前为止，无论"大狗"也好，还是我们的产品也好，噪声仍然是问题，我们的相对好一点。重量增加了，体积增加了，在选择发动机的时候，我可以选择噪声低的，目前是靠这个方式来减轻它的噪声问题。再就是后边电液混合式的驱动模式，可以不采用发动机，而采用电机来带动液压，我们后来也探讨了，如果是在重量上仍然有限制的话，这个也很难做到，电机的速度一高，上几千转、上万转，噪声仍然很大，目前要做这个事，实际上要与做电机的、做泵的联合起来，针对性地做，我们现在拿现成的东西组合很难把噪声降低，比如说70分贝以下，我们讨论了几次，难度很大。

赵汗青：

我有一个问题，在机动性领域里面，到底是轮履的好还是足式的好？同等的重量，爬坡度，还有越障的高度，在同样的重量、同样能源情况下的续航里程，现在有没有结论性的东西？

李贻斌：

我简单说一下，对于腿足式这种，它的移动能力，我认为应该不存在怀疑问题，为什么？人或者动物，几乎可以到达地球上的任何一点，而轮式也好，履带式也好，它做不到，这是第一。为什么现在的仿生机器人，也就是腿足机器人达不到？是因为现在我们的基本技术能力还没有达到，只能算能力的问题，而不是这种方式的问题。

赵汗青：

现阶段跟轮式和履式比还是差很多。

李贻斌：

对，限制在技术上，肯定有不足。

闫　科：

关于这个问题我也谈点想法，无人机动平台，分三点看，无人一个，机动一个，平台一个。四足也好，六足也好，八足也好，作为平台技术这绝对是个方向。我对这个东西特别感兴趣，前几年我看到它觉得已经可用了，为什么还在那儿琢磨？刚才提出一个噪声问题。有没有人提出坦克的噪声很大？它有坦克的声音大吗？坦克能爬山吗？我觉得现在这个指标不要定那么高，已经具备基本的平台功能，就可以往下走了。

张豫南：

"大狗"可能还是在技术层面上，现在要用用不了，多自由度控制非常难，现在用到军事上肯定是不行，目前只能做一个演示，用在技术上远着呢。

连杆式地面移动系统

◎ 姚燕安

连杆式地面移动系统，这个名字大家可能是第一次听到，这是我自己起的名字，大概在学术界现在还没有这个叫法。我快速说一下我的发言背景，我对于移动系统的理解。轮子是人类最伟大的发明，在平地和硬地面上效率非常高。履带是在松软的野外环境上适应能力很强。腿式仿生移动系统，目前技术没有成熟，但毋庸置疑它是很有发展前途的。对单一系统应对不了的地形，除了轮式、履带式、腿式，还发展了复合式系统，如既有履带又有腿，其思想是综合两种系统的优势来适应地形。

像汶川地震这种复杂的地形，像钓鱼岛这么陡峭的地形，我们现有的移动系统，轮子也好，履带也好，腿也好，我感觉都过不去，只能依靠士兵去攀附，危险很大，载重很少，速度很低。所谓下一代的地面移动系统，用腿式系统行不行，是不是还有别的方案？我们也研究了一些腿式系统和履带式系统，这是我们研究的一种多足腿式系统（图略），虽然研究了很长时间，感觉还是有些明显的问题。在技术路线上，我们的和"大狗"有显著的区别，"大狗"的一条腿至少要三个驱动器，而我们的一共只用了一个电动机，这是我们独特的技术路线，希望发挥连杆系统的优势，我起的名称叫"连杆式移动系统"。

美国航天局也研究叫作四面体的机器人，最早是作为北极探测，是四面体的构型。美国人定义成下一代的月球探测系统，为什么这么定义？它有这么强的能力吗？单个的四面体的构型似乎简单一点，但把四面体组合起来，变成一个组合的系统，这样就会显示出来超强的攀爬能力，最令人震惊的是爬这种陡峭的垂直夹缝（图略）。做这么复杂的系统不这么简单，我们是从三角形机器人做起，还有四面体的，几个四面体组合成机器人，我称作"连杆式地面移动系统"。关于连杆机构，稍微简单解释一下。所有机械的基础就是连杆机构。瓦特当时搞的蒸汽机，核心是连杆机构。我们从小的四杆机构做起，这是最基础的。刚才是能滚，这个四杆机构能走（图略）、能爬、能滑，像蛇一样。还有六杆机构，还有多杆空间机构。这是两个四杆机构的组合，这是四面体机构，这个是更复杂的连杆机构。我们还有液压动力的多面体机构。还可以把折叠技术用到连杆移动中来，能够折叠，能够展开。我们做了很多种，时间关系不展开讲了。

从学术思想上讲，连杆式地面移动系统的核心是整体闭链的多模式移动系统。从机构学角度看，汽车是由五个杆连成的系统，车身是一个杆，轮子为四个杆，四个转动关节。人都是开链系统。对于腿式机器人，比如"大狗"可能局部是个闭链，但整体是开链，不是严格的闭链系统。我们的连杆式地面移动系统是严格的闭链系统。我提的一个思想是，现有的移动系统，以及生物界系统，似乎都是开链的，没有严格的闭链系统。根据仿生学的思路，仿生设计只能做成开链系统。这是我们的连杆式闭链移动系统的最新进展（图略），它可以是多面体的，可以是履带，也可以像蠕动的蛇，也可以变成腿，也可以折叠，变得很小，很容易隐蔽。它是多模式的系统，类似球形的多面体形状，快速滚动，机动性很高；像履带式的形态，可以适应松软的地形；蠕动可以适应草地；腿式适应山地；折叠便于隐蔽、储存、投掷。可以对其进行编程控制，我们希望能适应所有的地形。以前能变履带，变蛇，变球，变不出轮子，后来发现也可以变成轮子，可以旋转得很快像轮子跑。现在，我们还在研究另外一套系统，手脚并用爬坡，克服极端的地形。这就是我提出的多模式连杆移动系统的思想，它有很大的变形能力，有很好的刚度，有多种移动模式，目标是克服极端复杂的地形。

我再说一点自己的感觉。我给学生上课的时候，不同的学生在不同层次上做创新。在自然界面前，我们都是学生。本科生做一些装置的改进，研究生可以做一些仿生分析方法的改进，博士生应该在更高层次，也就是在理论和理念上做突破。

关于陆军装备，包括地面无人机动平台的发展方向。高铁比现有铁路速度高很多，拉动了铁路行业甚至整个经济的发展。飞机的速度也是不断在提升。导弹更是，音速、超音速、超超音速。高速化，我个人感觉，只有陆军做得不好，地面装备的高速化做得不够。为什么飞机比坦克有用？最大问题是快。因为要打仗，快是不可置疑的，是最核心的要素。地面系统如果能快，做像飞机那么快，可能有空中系统不能比的优势，具有很好的隐蔽性和突破能力，成本也比飞机低得多，陆军装备的能力会得到革命性的提升。地面无人平台不需要考虑人，我觉得不需要像"大狗"那样搞很好的平衡系统，最好是不怕倒，摔倒也无所谓。高速公路的快速问题已经得到很好的解决。无人机动平台的技术核心，是要解决野外地面的快速移动问题。

贾晓平：

根据以往的经验，我们认为：无人平台的底盘越野能力越强，通过性越高，我们对上装的要求就越低，对控制传感器和程序的要求就越少，应该说也是一条捷径。另外，无人平台的种类应该涉足水陆空三栖车辆领域，完全按重量分不太科学，坦克以前也是按轻、中、重来分的，但现在不那么分了。所以，无人平台将来有可能是按重量和功能两种混合来分。下面，具体介绍一下与无人平台有关的部分研究成果。

1. 小型两栖无人机动平台

我们一直认为两栖平台在无人机动平台领域是一个很典型的例子，尤其是用于抢滩登陆。因为泛水的时候要提前几十千米下水，速度低的情况下至少需要一个小时，一个小时之后还有多少可以生存？我们希望最好有一个高速两栖或是能够潜水（速度快慢不重要）的机动平台，能够解决生存率的问题。

这个两栖无人平台可以远程遥控驾驶（图略），距离可以达到15千米。它在水里时6个轮子可以提上去，螺旋桨可以放下来，变成船形，水上可以跑30千米/小时；在陆地时，轮子可以放下来，螺旋桨可以升上去。

2. 水陆两栖全地形车

该车已经批量生产，去过三次南极和一次北极，水上、沼泽、雪地、沙漠都能顺利通过，从水里直接上40°的坡也没问题。可以挂履带，也可以不挂，具有"轮履合一"行走功能。我们曾用它改装为无人平台，成本比较低。

3. 高速水陆两栖车

这辆车在2015年的越野车大会上做了展示，属国内首创车型，也可以改装成高速两栖无人机动平台。

4. 高机动越障平台

越野性能和通过性能对无人平台来说非常重要，下面介绍的一款 8 轮驱动铰接底盘就突出了这两点：虽然车轮直径只有 0.8 米，但却可以跨越 2 米宽的壕沟以及 1.5 米高的高台，还能够适应各种恶劣的崎岖路面。我们的体会是，铰接车辆应该作为高机动越野平台的基础。

5. 陆空两用车

采用涵道风扇提供升力的陆空机动平台也具有遥控功能，将来也可以作为无人机动平台的可选方案。该平台长 7.5 米，宽 3 米，起飞重量 1.8 吨。

群体智能在无人机领域中的应用

◎ 段海滨

今天大家讲的都是地面无人车辆，我们是研究空中无人机的，我们课题组的名字叫"北航仿生自主飞行系统研究组"，主要做的方向是群体智能和仿生视觉。我们主要做仿鹰眼的视觉，研究背景是无人机协同自主飞行控制。报道上说蚂蚁的成群战术引发五角大楼的灵感，美军的虫群战术是美军作战理念上的大调整，从传统的强调自上而下的指挥，到强调分散作战，赋予作战一级更多的情报权和决策权。

2005年，美军在无人飞行机发展路线图上对等级做了规划，从1～4级的单无人机到5～8级的多无人机。现役的一般可以达到4级，技术上已经突破了4级；从理论研究方面，还有仿生验证方面，实验室可以达到8级分布式控制。我们课题组在群体智能技术方面，主要面对多级分布式控制，通过模拟生物群体，比如蚂蚁、蜂群，去探讨这个技术。这是2011年版的美国无人系统综合路线图（图略），主要强调协作控制、自主控制和智能控制。

作战任务和环境动态不确定性决定了无人机必须具备很好的自主性。多无人机必须具有一定的协调性，主要技术条件：对突发事件准确及时的感知和决策实时重规划。对此，我们研究的一个理论是群体智能理论，蚂蚁、鸟群、蜂群等，蚂蚁是比较小的，一群蚂蚁到一块之后，会产生一些智能涌现，像一些智能的现象。我们课题组承担了国家自然基金重点项目和杰出青年项目。

这里简单介绍一下群体智能，它是受群居性动物集体行动启发，用于设计问题求解算法和分布式系统的理论和方法。这个方面成果也在很多顶级期刊上报道过。比利时的M.Doriga教授，研究蚂蚁、蜜蜂的分工、搬运、筑巢等行为；匈牙利的T.Vicsek教授，研究鸽子、马群，用到多无人机的控制。我们跟踪他们的研究，研究动物群体的分布式、自组织性、并行性、协同性、简单性、灵活性、鲁棒性等一系列特点。它的特点是群体智能，也是多无人机编队自主协调，我们研究的目的是用群体智能解决多无人机编队自主协调控制问题，做了协同感知评估、协同规划决策、编队保持设计，现在正进行多无人机集成验证方面的研究。在这方面我们做了一些工作，面向无人机航路规划及重规划的仿生智能技术研究、多无人机协同航路规划及重规划、多无人机传感器联合目标搜索航迹优化、交哺网络控制多无人机协同编队控制，多无人机和多无人车异构和协同控制。这是仿生结果和初步的验证（图略），地上有一群无人车在形成队形，天上有无人机在跟着地面无人车的运动。群体智能技术用于无人机编队控制，编队重构控制，还有把鸽群里的成群结构机理用到无人机编队控制上面，进行研究设计编队构型保持的方法，用两个四旋翼、一个八旋翼进行室外飞行编队的验证。

群体智能理论研究还是需要进一步分化，国内研究群体智能算法比较多，对它的机制研究比较少。国外方面，我刚才介绍的 M.Doriga 教授，还有意大利的一位教授，他们研究群体智能的协调，比如养了一群鸽子，都装 GPS 接收器，鸽子飞行过程中，提取轨迹数据，从而归结出来生物群体之间的协调过程，把过程用建模的形式提炼出来，用在无人机的协调上，这方面值得我们借鉴。

刘昕辉：

我们在 2008 年做了一台车，这是样车（图略），这次重新做了一台，准备 2016 年去参赛，已经把它放大了，车体可以变形，和贾老师的差不多，只不过我们的现在是被动运行，转向也是靠车体的变形机转向，转向力矩比较大。下一步在这个基础上会有一个比较大的变化，现在我们做的还是采用传统的驱动，2016 年去参赛的车全部变成独立驱动，具有多模式的转向方式。

多平台协同技术走向实用化的难点分析

◎ 苏治宝

未来装备机械肯定是有人无人的混合体，做协同技术很有必要。下面我结合多年工作体会，谈一下对几个问题的看法。

第一个是系统体系结构如何适应任务的需求。体系结构是协同系统的基础，决定系统各成员担任什么作用，在遇到外界变化的时候，这个体系如何实现自组织，这都由其结构来决定。体系结构应该是以有人平台决策为主，辅以无人平台自主决策的混合式体系结构，现在的体系结构分两种，一种是集中式的，另一种是分布式的，这两种至少目前来说不能很好地解决有人无人平台协同的问题，还是需要混合式的体系结构。要实现协同，最重要的问题是制定顶层的操作规范，美国已经在做了。

第二个是如何设计协同任务规划系统。对于一个协同系统来说，拿到任务以后，首先是要做任务规划，如何设计这个任务规划？具体分解，一个是任务规划系统产生什么框架，现在应该是智能决策支持系统加人工智能融合的框架。另一个是，规划知识从何而来，包括做最简单的，比如做协同侦察的，规划知识从何而来？现在有些人从条令上来，据我了解现在这块不是太完善，只能借鉴现有的作战条令。还有与指控系统衔接，只能基于现有指控框架来开发接口，这个前提是现有的指挥框架要标准化。

第三个是如何实现鲁棒可靠的交互机制。平台之间的交互，或者各体之间的交互，通常基于信息系统，在陆地上，通信系统受环境制约太大，如何解决？一个方面是发展之前提出的新的通信技术，可以在"十三五"期间去做，这可能是最直接的途径；另外就是采用多平台自组网的技术，理论上比较成熟一点，但是在工厂实施中可能还是比较难；第三个途径，改变它的交互方式，一种是通过环境来进行交互，另外就是建立对方模型，个体之间对对方的行为模型是很清楚的，这样也有利于它的交互，不再依赖于通信系统。

第四个是如何推进协同技术的应用。据我了解，咱们国家大概从2000年左右，就有很多人做多平台系统或者叫多机器人协作，但是没有看到实质性的应用，说明这个技术还是有很多不成熟的地方。在军用这块，怎么推动这个技术？第一个问题是如何选取任务。为什么要选取任务？研究多平台协同的都清楚，要是没有一个明确的任务来做，这个东西是很空的，理论研究的方向很多，但是最终还是要靠典型的任务来验证。我认为，针对典型的军事任务，结合着当前迫切需求，有三类任务：采蜜、交通控制、推箱子，从三个任务当中推出典型进行研究。如何推进？只能用实际的装备或实际的平台进行演示，逐步改进，最后达到实用化。

刘昕辉：

这是我做样车时的小视频（图略），这台车现在我们已经做到16吨了，为啥这么大？因为我们当时的目的是让它去干活。车体是被动变形的，中间没有油缸。主要考虑，响应可能快一些，人坐上是不舒服的。但我也没感觉到不舒服到哪儿，在越野的情况下，车速还是比较低的，基本上我们还可以承受。现在因为车体重，我们给它加了一个阻尼，让它稍稍带些缓冲，自重3吨，现在已经放大到16吨。

刘　进：

高机动行走这块，201所的张博士提了关于未来发展的一些想法，几位教授也把一些自己的成果和技术做了展示。从地面无人机动平台军用角度来说，还是有一些需要考虑的问题，比如面对复杂的地形环境，平台是可以行驶过去，但是平台不光是自己过去，要有一定的承载能力，这个承载能力可能因不同的任务不同。而承载的大小不同，对行走系统的底盘要求可能不一样。用于侦察的平台可能比较小；但用于打击的平台，可能相对来讲就会比较大，上午马所长提到了火炮的问题，那个就很大，包括一些枪，30炮也是后坐很大，像这些东西，可能需要考虑底盘的大的承载。

还有一个控制的问题，刚才也有老师提到了控制，无人的这种高机动系统，底盘的控制应该是跟有人平台有很大的不同，这也是我们下一步需要重点解决的问题。

杨秀月：

我想请教一个问题，刚才大家都说了机动和越野，未来是无人，遥控这个平台对通信的带宽有要求，我估计不同的平台应该有不同的要求。我希望咱们以后研究平台的人，要把对通信的要求明确一下。另外，当在电磁环境下问题解决不了的时候，我可以给你提供军用的电台，或某个数据无线数据链，这个数据链不能用的时候，自身有没有一套备用的控制测量的装置？比如放个小气球在上面，还能把车弄回来。通信问题是无人平台的核心问题，可能需要军方将来给一个无人数据链的带宽，但是这个带宽如果没有了，你自身有没有解决的办法？你要带宽，不同的平台，大平台和小平台的带宽分别是多少？对系统的延迟有多大的要求？

龚建伟：

在遥操作或遥控过程中，因为涉及大量场景数据的传输，通信带宽的影响比较大。2001年，北京理工大学为某测试基地研制装甲遥控靶车，如果是在几百米视距范围以内进行遥控，不需要通过视频传输就可以进行，这时只需要传输控制数据，普通的数据电台就可以满足要求；如果超出视距范围，一般的遥控就是由遥控驾驶员根据车辆前方或有限的侧方景象进行驾驶，当出现以下情形时，比如通信天线不能通视或有其他干扰、车辆移动过快、通信距离过大等，视频就会出现马赛克，甚至黑屏，另外视频延迟也是一个很严重的问题。

那么如何解决这个问题呢？我想在技术方面是有途径的，通过车载的少量传感器数据来进行三维重建是一个很好的方法。比如从移动平台向指挥控制端发送激光雷达点云信息和图像RGB信息，再利用这些传感器信息结合定位数据、车辆姿态数据进行三维重建，这样不但可以从任意角度观察周围环境，而且数据传输量只是视频数据量的几分之一，即使有短暂的通信中断，也能根据之前数据进行推算。

闫　科：

　　这个专题是行走机构，我听完刚才介绍的几种行走模式，包括腿式的、铰接式的、两栖的、三栖的。我突然有一个启发，无人机动平台有很多种分类方式，关键是规划要做好，除了我们刚才从重量、大小分，能不能再从平台本身再分几个类？大家研究这个平台的时候，在这里先定好位，这种平台机构一定是有针对性的，我们说腿的时候，先别说它跑得多快，腿的最大特点是在爬大坡和很多密集丛林阻挡时有优势，不比放在平地上是不是跑得快。包括刚才说的多自由度，可以平移的，这种解决什么问题？我刚才看了轮式和履带式平台技术，是成熟的，为什么成熟？它主要用到的是机械技术，液压。到腿式复杂了，任何一个腿式结构都需要智能控制，它的难度比较大。我们现在看到的一个是机械式的，一个是电子式的，一个是混合式的，能不能从基础途径上选择几个，将来规划先上来定位，这样便于定型的时候，考虑技术成熟度，解决特定应用，尽快上装备。

刘　进：

　　我就今天讨论的高机动行走技术做一个小结，主要几点：第一点，在行走机构分类上，大家提出了很多建议，包括用吨位级来分，也提到从任务角度来分，比如说手抛式的、背负式的、班组携行的、搭载的，还有自行的。还有刚才提到从行走的系统上分。第二个，展示了几类典型的平台，比如说足式的，现在很热，还有多连杆机构的。高行走技术，我觉得下一步要想往地面无人军用平台用，需要考虑这么几点：第一个是承载，第二个是控制，第三个是防护的问题。

主题：

地面无人平台环境感知与传感器技术发展趋势

时间：

2015 年 9 月 24 日

地点：

燕岭宾馆南楼二层多功能厅

主持人：

龚建伟

龚建伟：

各位专家，昨天我们讨论了地面无人平台国内外进展和未来发展趋势，同时对需求和应用前景也进行了探讨，还对地面无人平台高机动行走系统进行了充分研讨。今天上午我们来讨论制约无人平台自主能力的关键技术，环境感知和传感技术的发展趋势以及目前的困境。

人工智能是新一代无人机动平台面临的主要挑战

◎ 邓志东

在研究无人驾驶汽车方面，我有些经验，从 2009 年开始到现在，做了 6 年多了，主持研制了 3 辆无人驾驶汽车。我认为，环境感知还有信息融合是两个共性的关键技术问题。怎么突破这两个共性关键技术或瓶颈？目前人工智能的发展可能带来一些新的方法和机遇。以下我汇报四个方面：第一是回顾一下产业的发展情况，无人驾驶汽车产业的发展，甚至提供一个大的时代背景；第二是强调两个共性关键技术，即环境感知和信息融合；第三，着重介绍目前人工智能的一些最新突破；最后是一些思考。

无人驾驶汽车也好，无人机动平台也好，在学术上都可称之为室外轮式移动机器人。无人驾驶汽车产业能走多远？现在的产业发展现状是这样的，即目前国际上绝大多数汽车制造业巨头都在测试自己研发的无人驾驶汽车产品。宝马在 2005 年就开始了，奥迪在 2010 年也开始了。这里是国际汽车业巨头的官方网站对于无人驾驶汽车产业的一些预测（图略）。一个是 2016—2017 年，还是"辅助人"；一个是 2020 年左右，进化到"人辅助"，最后是 2026 年实现完全自主。Google 公司、Mobileye 公司、Tesla 公司和 Uber 公司，这些都是 IT 界的著名跨国企业，现在都在做无人驾驶汽车，确实存在一个跨界颠覆的问题。因此，我的观点之一就是，我们正处在传统汽车产业被颠覆与发生大规模社会经济变革的前夜。美国摩根士丹利今年有一个咨询报告，他们认为时间节点可能在 2026 年，我们就会普及完全自主行驶的无人驾驶汽车，其中包括配套完成智慧交通设施、无线高速宽带通信、云平台与相关的法律法规等。日本经济产业省正在咨询、预计将于 2016 年初发布的一个报告，预测 2030 年之后日本的司机可能就会完全失业。注意这是日本经济产业省的官方预测。

这是一幅完整、清晰的技术发展路线图（图略），包括在明年后年可能实现的先进驾驶辅助系统（ADAS），这是现在正在进行中的事情，即部分自主，但是是辅助人，人开车，有主动安全辅助驾驶系统支撑；到2020年的时候也是部分自主，但是是人辅助，汽车自主行驶，人可以随时接管，随时干预；到2026年前后，则可实现完全自主。下面是路线图（图略），非常详细的技术路线图。这是一个跨界颠覆，IT企业对传统汽车产业的颠覆，很可能是无人驾驶出租车公司的形式。总的看来，国外现在是以企业为主，正从事产品的研发，而我们国内还是以大学和科研院所为主，从事科研项目的研究。这反映了一个差距，国内外的较大差距。第二个就是技术本身，也就是无人驾驶汽车技术相对结构化道路而言，已有较高的技术成熟度了。现在从学术界到产业界，大家关心的话题不是会不会有无人驾驶汽车，而是完全自主行驶的无人驾驶汽车什么时候能够实现对传统汽车产业的颠覆。

观点之二，我们在制定无人机动平台（2016—2030年）15年的发展规划与技术路线图时，一定要考虑到大的时代背景，以及人工智能（AI）的革命性发展。前面说了，2030年可能已经出现了汽车产业的颠覆，社会经济环境相应地也发生大的技术变革。建议制订细化分阶段的、清晰的装备与技术发展路线图，使无人机动平台的战略规划更具前瞻性、前沿性和引领性。

这部分无人机动平台要更多关注自主性和环境适应性。后面对此有一些定义和说明。共性关键技术，则应该加强自然环境理解和多源信息融合的创新性研究，比如说弱人工智能与环境理解，弱人工智能与信息融合。因为我们知道，这两个东西是目前存在的最大困难。因为要求自主行驶的绝对安全性，因此很多传感器，例如摄像头、激光雷达和毫米波雷达都要进行多源信息融合。最大的困难是如何普遍适应高速公路、城区不同环境、乡村公路，解决在路口遇到的问题，还有气候和环境光照变化等。这些图片都是激光雷达扫描出来的（图略），传感器信息足够丰富，每秒钟有1.5G的数据进来，而人开车只有两只眼睛，还获得不了这么多信息。这是关键问题，也是技术瓶颈。还有越野环境怎么去理解？丘陵更复杂，沼泽地、草地、水面很难弄。最后就是障碍物怎么去理解？

根本的原因就是传统的机器视觉方法，都是在数据层面上或者说是从低层的特征上面去进行聚类、分割、定位、检测、分类、识别和匹配等，而且特征是人工设计的，需要经验，需要预处理和后处理，同时大量使用阈值等。目前出现了一种新的方法，就是深度学习，发展非常快，这是一种新的人工神经网络。人工神经网络经历三起两落的发展。从 2006 年开始，深度神经网络取得了突破性进展，人工神经网的研究就此进入了第三次复兴。这次和第二次复兴差不多，即 20 世纪 80 年代末的时候"一窝蜂"，可谓是全民都在搞神经网络，但跟第二次也有不同，这次产业链进来了，跨国企业比学术界还要重视，投入力度更大、更猛。

欧美国家纷纷从国家战略层面对弱人工智能和类脑芯片的研究进行布局。Google 等国际 IT 企业都在持续发力，加速进行视觉、语音和文本等产品的突破。目前生物脑与计算模型之间存在着两个鸿沟。鸿沟之一就是从传感数据到语义理解，也就是说最底层得到的传感数据，如摄像头得到的是像素数据，激光雷达得到的是点云数据，怎么从中获得类人的语义层次上的理解？应该说这两者之间还存在着较大的鸿沟。幸运的是，这个鸿沟通过深度学习的最新发展正在不断缩小。IT 产业界非常有名的跨国企业，包括 Google、百度、Facebook、亚马逊、微软、IBM 都在做深度学习，投入非常大。深度神经网络的突破是在 2006 年以后，但真正的突破是 2012 年，2012 年之后才引起了产业界的巨大关注。2013 年全球非常权威的《MIT 技术评论》把深度学习列为 2013 年十大技术突破之首。现在形成了两大深度学习的世界中心：一个是加拿大的多伦多大学，另一个是纽约大学，是水平最高的。

深度学习或深度神经网络包括深度卷积神经网络（CNN）、深度信念网络和深度自动编码器，有三大灵魂人物，即 G. Hinton、Y. Le Cun 和 Y. Bengio。深度 CNN 为什么好呢？为什么大家研究人工神经网络研究了几十年，始终没有产业真正进去做这件事呢？原因是深度 CNN 部分模拟了生物视觉通路，是一种仿生的计算模型。20 世纪 60 年代，Hubel 和 Wiese 发现生物视觉通路中的 V1、V2 视觉皮层细胞，由简单细胞和复杂细胞组成，其中简单细胞检测局部特征，复杂细胞进行池化，这两人还因此获得了诺贝尔奖，因此视觉通路的这些东西都是被证明了的。

深度 CNN 网络很好地模拟了简单细胞和复杂细胞这种生物学机制。该模型最初是由日本人福岛邦彦（Fukushima）于 1974 年提出来的，1975 年发表了英

文论文 *Cognitron*（《认知机》），1980 年发表了英文论文 *Neocognitron*（《神经认知机》），目前国际上都以 1975 年和 1980 年的论文为标准，而且现在深度 CNN 的基本思想基本上还是那时的结果。为什么那个时候就发展不起来呢？原因是网络太复杂了，当时的计算机硬件根本就不支撑，当时的数据规模也不支撑。前述的 Y. Le Cun 一直在持续跟踪研究这个模型，1989 年、1998 年、2006 年发表的论文，分别引入了误差反向传播、卷积神经网络（CNN）和深度 CNN 的概念，同时以 0.39% 的错误率，刷新了 MNIST 数据集的历史纪录。2012 年，Hinton 的学生用 GPU 训练，通过硬件的支撑，真正使用百万数量级的大数据，揭开了深度学习在计算机视觉和机器智能领域中的研究序幕，之后相对于许多机器视觉测评数据库，没有一个传统方法比得上这个方法的测试精度。

2012 年产业界开始真正进来了，1000 种物体的视觉识别、人脸识别、手写体数字识别等，都接近甚至超过了人类的识别能力，比人还强。2014 年，在 1000 种物体的视觉识别国际竞赛中，英国牛津大学的识别错误率是 7.32%，Google 的结果是 6.66%，1000 个物体，其实人很多是分辨不出来的。这方面跨国公司加入竞争，竞争到什么程度呢？微软在 2015 年 2 月 6 日宣布做到了 4.94%，第一次超过了人的识别错误率 5.1%；5 天以后，也就是 2 月 11 日 google 就宣布突破到 4.82%；百度在 5 月 11 日宣称达到了 4.58%，但百度后来承认有问题，取消了这个世界上最好的纪录。深度 CNN 呈指数加速式发展，以前是几十年，现在是几个月就有新的提高。今年仅论文就已公开发表好几百篇了，全世界跟疯了一样研究这个东西。Facebook 利用深度 CNN 做人脸识别，目前已接近人脑的水平。任意两个面孔是不是同一个人？这两个面孔的照片可能有光照明暗的变化，也可能不是直面镜头，如可以是侧面甚至是部分遮挡，许多部分都看不见，但仍然可以判断是否是同一个人，把人检测出来，DeepFace 的正确识别率已达到 97.25%，人类的正确率为 97.53%，已可实用了。目前可以从每日上传到 Facebook 的 4 亿张照片中监测某个用户的面孔。总之，近 3 年来深度神经网络在弱人工智能领域里取得了真正的突破，以前研究神经网络都是几十个神经元，现在是几十万个，最多达到 10 亿突触连接权参数，训练样本达百万。为什么发展这么快？一句话，就是有这个时代的支撑，例如超级 GPU 计算系统，这个发展非常快，还有互联网时代的大数据，当然还有创新性的深度学习思想。

　　第二是生物脑和计算模型之间的鸿沟也在不断缩小。美国 MIT 麦戈文脑科学研究所的科学家，在 2014 年年底发表了一篇文章，通过在猕猴高级视皮层上面插入电极阵列进行试验，指出目前的深度神经网络已媲美灵长类动物的 IT 皮层，两者的特征映射图非常接近。另外，Google 以 4 亿美元收购的一家创业公司，叫 DeepMind 公司，是有牛津大学背景的，2015 年 2 月在 *Nature* 上发表了一篇文章，研究了一种深度 Q- 网络（DQN），通过深度再励学习获得了具有人类水平的控制能力。他们将 DQN 应用于 49 种游戏的学习，其中 29 种游戏的水平已经达到乃至超过人类，个别游戏的智能水平甚至超过人类玩家 25 倍以上。目前，Google 的这家公司还投入巨资，拿这个方法去开发面向无人驾驶汽车的 DQN。最后要指出的是人工智能的一个最新进展，就是 IBM 的技术突破。他们于 2014 年 8 月在 *Science* 上发表了一个类脑芯片成果，在一个小小的芯片上集成了 100 万个发放神经元以及 2.56 亿个的突触连接，但功耗却仅有 63 毫瓦，正在有力地推动非冯·诺依曼新体制计算机的发展。这种神经网络芯片用硬件同时实现了类似人类的腹侧通路和背侧通路。

　　在这一轮新的人工智能大潮中，可能是中国科技实力和美国科技实力首次齐头并进，因此应倍加珍惜。事实上，人工智能的感知智能、认知智能和创造性智能中，创造性智能如顿悟、灵感等，可能是机器永远也做不到的，而认知智能方面，目前机器和人类之间尚存在巨大的鸿沟，实际上还没有找到很好的解决方法。只有第一种智能，也就是刚才咱们介绍的感知智能，因为深度神经网络的发展，在最近两三年才获得了真正的突破。作为一种感知智能模型，深度 CNN 是迄今最好的模拟了生物视觉通路的计算模型，在大数据和 GPU 高性能计算硬件的强力支撑下，通过自动的分布特征提取等，已在物体识别、人脸识别、手写体数字识别、交通标志识别等方面，达到或超过了人类的水平。感知智能的发展为无人机动平台自然环境理解与信息融合的实质性进步，带来了前所未有的机遇。

　　在此基础上，我们提出所谓"深度视觉 +"和"深度信息融合"，其中"深度视觉 +"面向基于单目摄像头的环境理解，这在以前是不太可能的，或者说这事很难超越 Mobileye 公司，但现在因为深度学习的最新突破，倒是有可能了。感知智能是源于原始的真实大数据，实时性也正在得到诸如类脑芯片和 GPU 超级硬件技术快速发展的保障，因此确有可能创新性地支撑无人机动平台的"单目

视觉 +"，跨越性地实现或超越 Mobileye 的单目视觉能力，真正实现传感设备的"减法"和我国无人机动平台的跨越式发展。

积极部署深度融合技术的创新性研究，有可能形成中国率先开展的引领性的世界贡献。

龚建伟：

邓志东教授从感知智能的角度，对环境感知的研究前沿进行了介绍，并提出一些非常新颖的观点，各位专家在这方面有什么质疑或者评价，请发表自己的观点。

翟利国：

有个问题我不太明白，从美军地面无人武装系统的发展来看，最早就是机器人、机械手，把一些目标数据、特征赋予它以后，放到合适的位置，它会去执行任务，后来发展到自主人工智能，它可以自己去完成，独立完成作战任务，但是里边有一个问题，可以把某些对象，个别单体的数据给它，不能把所有敌军的数据都给它，因为你也没有这个数据，会产生判决上的失误，用军事术语讲，将来作战到一定时候会兵变，反过来枪口对着你。我们了解到以色列采取人工强制切换，一旦发现这种势头，可以人工强制去切换；美军靠云计算，多个系统共同去判别，现在的结果怎么样我们还没有追踪到，但是我感觉，类似的一些系统不会是一号机器人比二号强，二号比三号强，它们基本都在一个层级的，集体发生误判的时候，这个问题怎么解决？刚刚我看您讲得非常好，识别达到 97% 以上，但是可能是针对某一个特征可以达到这么高，如果用一个广泛的特征实验，是不是还有点问题？

邓志东：

对于人类的深思熟虑（deliberative）行为，包括指挥、决策、（任务）规划、归纳、推理与思考等高级智能行为的模拟，现在的方法与人类相比，还存在着鸿沟，可以说还没有找到任何好的方法。20 世纪 60—80 年代，主要就是在这方面进行研究，迄今没有任何大的进步。我们说的弱人工智能是指感知智能，是人类的低层智能，是无条件反射的智能，并不涉及判决。判决属于认知智能，属于另外的智能。刚刚您说的97%，这是感知智能的问题，看到东西马上能分类，是什么物体；600万个训练样本集数据，总数是1000个物体，每一类的训练数据是6000个；每个样本都是自然界拍摄的真实照片，而且允许光照条件变化。Mobileye为什么做得好？一个摄像头把所有的问题都解决了。有两个优势，一个优势是有人才，2000多名专职研发人员；第二个是大数据资源，大数据资源同时也是最最宝贵的资源。他把不同国家、不同地域的大数据都搜集起来了，包括各种气候条件下的，白天晚上的，这些数据都有，数据规模非常惊人，这才是真正的大数据，什么样的情况都考虑到了，你碰到的情况基本上大数据里面都有，不存在哪个条件反映不了的问题。数据库都是面向全世界公开的，训练数据是600万张照片，测试数据是10万张，还有国际性的公开比赛，而且测试服务器放在美国的斯坦福大学，你都不知道测试样本的答案。也就是说正确答案预先是不知道的，把模型给了它以后，测试服务器会自动告诉你错误识别率是多少，因此测试还是非常严谨的，什么条件都考虑到了，包括气候条件、光照条件等，机器自动去学习，学完了就可以了。

张豫南：

我想提第一个问题，咱们陆地上的车能完全自主吗？不要人，民航飞机自动驾驶已经高度自动化了，但是他们在驾驶过程当中，主驾驶休息副驾驶不能休息，副驾驶休息主驾驶不能休息，人家的环境基本自主，但必须人控。第二，高铁，咱们的高铁都是封闭的，它那个驾驶，驾驶员必须高度集中，你认为将来陆地上的会不会完全自主走？我觉得有点困难。

第二个问题，大数据神经网络的处理，现在自主驾驶，小的无人平台有没有实质性进展？

邓志东：

现在人工智能已经发展到这个水平，感知智能现在有突破，甚至可能带来整个社会的进步，但认知智能与人类相比，还有巨大的鸿沟。关于遥控、半自主和完全自主，我的理解是这样的，通过增强感知智能在视觉或环境理解、控制、规划、导航层面上的应用，可以有力地提升无人机动平台的局部自主能力，也就是自己能够对付自己周边小范围的事，比如自动躲避障碍物等，应该有这个能力，从而减少对无线通讯链路传输带宽和时延的要求。但指挥、协同、推理、决策、任务规划、判别等体现认知智能的东西，考虑到目前的研究进展还远远达不到人类的水平，这时候还需要引入人的认知智能，即所谓"人在回路"，这样的话对无线通信的带宽、时延和可靠性的要求，就大大降低了。总之，早期的遥操作将底层的东西全部传回来让人处理，对图传电台的要求太高，显然不合理，这部分应该交给远端的机器自主来干，应有局部自主能力；人应该从事一些涉及认知智能的高层次东西，如决策、指挥等。我认为，完全自主也需要有人参与，不是绝对的自主，那不现实，因为认知智能尚未有根本性的突破。我比较赞同具有足够局部自主能力的有人参与的完全自主，这是我的观点。目前感知智能方法的进步，已有可能和条件大大加强无人机动平台的局部自主能力。

第二，关于深度卷积神经网络的实时性。有一个误区，好像训练时间很长，其实比人强多了，人要经历20多年的学校教育或训练。现在的机器非常好，nVidia 的 K80 GPU 6 万~8 万元钱，MNIST 手写体数字识别有 6 万个训练数据，以前用普通笔记本电脑训练需 24 小时，还不一定能算得出来。如果用现在新的机器一算，15 分钟就训练出来了。训练是一码事，使用的时候是另一码事。训练也许需要几天甚至几周，但是用的时候是所谓回响（recall）。换句话说，训练好了，连接权固定了，使用时只是输入输出，那个时候非常快，若卷积层为四到五层，以现在的硬件水平，计算量应该是几十个毫秒，通常需要增加一些特殊的硬件，如 nVidia 的 GPU，又如 IBM 的 TrueNorth 类脑芯片都可以，仅需要一些特殊的编程就可以了。

张豫南：

所以完全自主，要看初始条件和边界条件。现在我们看到的路径是实时变化的，公路也是时变的，如果遇上下雨或从天上掉个东西，还是不行。无人平台识别了，但是如果前车后边突然掉下来一个箱子，这都是有可能的。肯定在非时变的道路，离线对实时变化环境无法识别，比如说红绿灯。

龚建伟：

目前在自动驾驶技术方面，可以把车辆周围行驶环境比较充分地检测出来，包括车道线、交通标志标线、行驶车辆、行人、道路路沿等，但是我们目前没还不能做到像人类驾驶员一样，基于这些检测的环境信息去理解环境，我觉得这是目前的主要困境。只有充分理解了环境，无人车才有可能像人类一样在复杂的场景中去进行行为决策。目前北京理工大学在北京市三环这种车辆比较密的真实交通场景中进行自动驾驶车辆时，虽然能够检测各种信息，但换道超车、匝道出入主路等行为，还是由规划系统提出建议，最后经驾驶员确认后执行。将来我们将学习驾驶员在各种场景下的行为决策，进行驾驶经验和知识的积累学习，实现类人直觉行为决策。

张兵志：

我先问一句，当年俄罗斯的国际象棋大师跟"深蓝"对抗的时候，"深蓝"解决的不是决策层面的事吗？

邓志东：

IBM 的"深蓝"是把规则写进去了，使用了传统的深度搜索等，是典型的符号主义的人工智能方法，不是很成功。深度 Q- 网络则是连接主义的深度再励学习方法，完全不同。

赵汗青：

我以前研究摄像机的，这么多年来在做工程，这块就没怎么跟踪。关于人脸测试，大数据是可以的，但是真正学的时候，肯定要有教师在那儿，深度学习是无监督的是吗？

邓志东：

有监督和无监督结合起来。

赵汗青：

在室外驾驶，要识别的目标非常多，假如扔给它一个数据集很大的环境，自然界所有东西都纳在里面，对于原来一个识别人的库，地上出现的事物越来越多，交通标识等东西进来了，最后能不能找出来跟驾驶行为相关的结果？输出如果太多了，深度学习能不能训练出来？

邓志东：

国外现在搞了很多，我们应该高度重视深度学习的研究，包括有一个叫三维卷积层的深度 CNN，用于航空母舰上的无人机起降，而且搞交通灯、交通标识、车道线识别都有深度 CNN 方法的研究。深度 CNN 是一个监督学习方法，首先要构建训练数据集。

赵汗青：

对于多类，比如 80 类，输出这一个训练集，这样方法能不能承受得住？

邓志东：

识别 1000 种都没有问题，有些人类都分辨不出来的，最高纪录是错误率 4.82%。

赵汗青：

但是你说的是人脸识别。

邓志东：

不是，视觉物体识别，包括动物、植物等，总数是 1000 种，都是真实的背景，每种物体有 6000 多张照片。实际上，训练与测试数据集的产生非常费时间。训练是离线的，应用是在线的。

陈慧岩：

关于大数据的问题，我们必须要给予高度重视，特别是深度学习，现在国外提到了人工智能有些突破，实际上说的还是比较保守的。过去比如像在航空母舰上落无人机的问题，我们看着好像是军事问题，实际这里面有大量问题。

邓志东：

现在有论文，而且还有美国专利。对这部分应该高度重视，两年以前不敢说这个话，由于 2012 年开始的突破性进展，产业界全进来了，以前没有这个东西。

陈慧岩：

没有产业界支持，过去很多想法实现不了。

龚建伟：

深度学习是目前比较热的方向，它是将来解决感知智能的重要途径，下面我们关注一下传感器的发展和方向，这也是我们国家目前的一个短板，是目前制约我们环境感知研究的一个关键问题，我们在座的有不少从事环境感知传感器研制的专家，我们首先请北京理工大学的张振海副教授谈谈自己的观点。

张振海：

我简单介绍一下地面无人平台专用的凹、凸、水障碍快速识别环境感知传感器。传感器装在无人车的底部，可以看到前后左右 360° 视场环形图像，作用直径 1500 米。我们只关注于无人车前进方向的障碍物，用激光点光源扫出来一条线，打到无人车行进方向 100 米的地方，通过结构光和凸、凹、水三种典型障碍的特征，可以把障碍物快速识别出来。未来地面无人平台，要在野外非结构化复杂环境下行驶，而且是要求高速行驶，障碍物识别的距离如果只有四五十米或二三十米，车是跑不起来的，也不敢跑。我们做这种专用的传感器，它的特点是没有旋转部件，不像 64 线雷达，旋转获得点云数据，然后三维重建，我们直接用光学系统就把这个图像获取了，用 DSP+ARM 系统，直接把软件在传感器上面运行，而且把算法直接加在系统上，不需要传到计算机，直接在传感器上处理了，这样可以做到实时快速的障碍物识别。我们现在做的指标，障碍物探测距离在无人车前进方向上 100 米，瞬间就可以把这三种典型障碍识别出来，我们希望将来能做到 150 米，探测类型就是这三种典型障碍物，识别速率和分辨率可以做到接近实时，图像分辨率 1000 万像素，因为前后左右 360° 图像都能看得到，对于无人车选择最优的路径去规划是有好处的。360° 全景的视觉图像，直径方向上看到 1500 米，这个距离是非常远的。直接在传感器上处理，直接出来障碍物的信号和类型，比如这个障碍物在 100 米的距离，比车轮窄，我就直接越过了，不需要规避。如果我们识别的凹障碍或水障碍，比车轮宽，速度降低一点，离障碍物距离比较近的时候，再把障碍物的深度信息识别出来，觉得它没有办法越过，再考虑避障。我们希望做到低成本，我们现在做的 10 台，正在调，希望在 10 万元以下，将来希望 1 万元做下来，低成本无人车环境感知传感器将来才能够大规模推广和应用。

龚建伟：

传感器，包括雷达和其他一些传感器，是我们国家很弱的地方，现在整个无人车上用的，包括去年的"跨越险阻 2014"地面无人平台挑战赛上用的平台传感器全是从国外进口的，您觉得在开发研制传感器方面，咱们国家最大的困难有哪些？

张振海：

这方面需要有需求，确切的需求，国内研究传感器的人非常多，但实际上真正研究无人车传感器的没有，为什么？不知道需求，如果能提出明确需求，就是我想看 100 米、150 米能达到什么功能，非常明确，可能有一个牵引作用。

赵汗青：

一个是分辨率，垂直和水平的分辨率多高，你介绍的有些参数能看到，但是关键的两个参数，垂直方向的分辨率和水平方向的分辨率没有看到。还有一个视场角有多大？你的输入是结构光，结构光对外部太阳光的光照影响，抵抗能力怎么样？室外环境适应能力怎么样？还有一个，你说直接检测出障碍物，你能检测出的最小障碍是多大？

闫　科：

邓老师刚才讲了人工智能的基本原理，我大概觉得明白了，我这人可能比较现实一些，我听您一讲，我马上反映出我要干什么，我觉得首先是侦察监视就可以用，我们现在对侦察兵的考核指标是一分钟一个目标，所以你要能达到一分钟两个，我就觉得这是巨大的进步，更不要说能不能实时了。无人平台也是有人控制的，开飞机和高铁的人，现在最大的就是给人一种心理安慰，是为了安全和舒适性，不全是为了控制。

我们经常讲军用飞机和民用飞机起降不一样，军用飞机起降是要保证能降下来，一般都是咕咚一下。民用飞机不是，跑道足够长，要考虑到我们乘坐人的舒适性，飘好几下才能下来，驾驶员的作用是不一样的。在行为控制上，真要是跑到一定速度，前面掉下来一个石头，不要说它了，人都不行，这个平台本身就刹不住。这总是有一个过程，我觉得有几个环节可能是影响到它了，首先有一个巨大的数据量，再一个还牵扯它的处理能力，处理能力应该受两方面影响，第一个是您说的GPU，第二是处理方法的问题，这叫策略，不是说一定数据量多大。在战场上，要分清是人是趴着的，站着的，蹲着的，就这么简单，首先是区分人，然后才是区分敌我，一般情况下敌我在服装上是有明显区别的，再就是装备，那么多车都什么型号的，数据量不大，有时我们讲它的一些特征，没必要搞得那么细，我们不是写真，搞那么细干什么，满足我的需要就够了。

再者，巨大的数据量，刚才谈到在前端是可以处理的，我觉得都放到前端处理显然是不合理的，应该是走云计算这种思路，但是云计算以后又牵涉终端的通讯问题，恐怕这也是它的一个瓶颈，我想问您，根据您掌握现在的技术情况，国外和国内现在的软件水平或硬件水平到底能达到什么程度？比如我现在在战场上发现一个目标，大概需要多长时间，或者说像刚才我们说的那种能够到行为反应、行为控制，大概需要多少年？五年或者十年之内，能到一个什么程度？

邓志东：

行为这块属于认知智能，不好说，现在没有什么大的突破。我说的都是感知智能或深度神经网络，这部分现在有许多非常成功的例子。视觉物体识别方面，咱们已看到非常好的结果，其实在语音识别上面也做得非常好。深度学习，还有一个成功的案例就是同声传译。微软副总裁在天津用深度 CNN 的模型进行同声传译，用英语演讲，延迟 1 秒左右自主翻成中文，而且还保留了他的语调，跟以前由机器发出的硬邦邦的声音不同。包括今后中英文的文本翻译，我想也会很快出来成功的案例。至于深度神经网络的实用性问题。提到软件，深度学习有几个模型，都有开源代码。确实有些编程技巧，如 GPU 的 Cuda 加速编程等。这些代码都是可以免费下载的，代码量并不大，但搞懂也不容易，非常复杂，软件本身也比较复杂。下载后，拿数据来训练它就可以了。训练完之后就可以使用了。目前 CPU 也好，GPU 也好，都是多核的。硬件技术已有很大的进步，因此硬件问题不是问题。目前并不涉及云的问题，单机就可以做，需要大数据，样本集构建的工作量非常大。你想人是怎么识别物体的，本质上就是人把所有情况都通过标签告诉了它，相当于人告诉它了几百万个情况，每天不同的气候条件等，全部都告诉它了，就这么训练它。

闫　科：

我还关注传感器的事，昨天有个老师说，传感器能不能拓展一下思路，不一定非得搞雷达。现在我们军用的传感器也不只是雷达，雷达现在用得很多，军用用得最多的实际是光电。大家老是往成本上说，其实我不关注成本，将来真要军用化以后，有各种要求，有些东西就是靠花钱来的，电子的东西随着技术成熟会降价。但是当在一个特定时期需要形成一个特定产品的时候一定是有成本的，去年的"跨越险阻 2014"比赛，水平高低主要看雷达。今天您提的是一个思路，人长两只眼睛，两只眼睛能测出这个，能不能想想就是利用光学，这多简单，大白天或者晚上，总是有一些光学成像的东西，也便于识别。说个比较简单的例子，你在路上跑，这片地的承载力、附着力，自己应该已经摸到了，能不能有一些这样的传感和感知，感知周边环境跟人感知的一样，打开传感器的思路。

龚建伟：

传感器方面确实有很多技术去突破，您提到什么时候能够突然掉下来一个东西，无人车马上能感知出来，我也可以回答一下。

上周我在西班牙 IEEE 智能交通年会上看到一个关于主动安全专用系统的展

示，实际上以前也展示过，演示的是从车后面突然有一个人跑出来，也就是我们老驾驶员常说的"鬼探头"，车辆马上就可以检测出来并主动制动停车。当然这是一个专用系统，如果通用的自动驾驶，可能就很难做到这一点，主要是一个理解问题，我们人可以看到，马上可以理解这个场景，但是从感知方面来讲，机器和视觉或者是激光雷达系统，如果前面环境建模的时候，没有专门考虑这块，不是专用系统的话，可能目前很难做到，如果这样做了，就没法适应更多的场景。这还是一个场景理解问题，没有突破，我们的系统目前不可能像人一样通过感知就能对环境或场景进行像人一样理解，但将来无人车的反应肯定比人要快。

闫　科：

车制动是结果，人的反应真没有机器反应快，但是到底能不能制动，也取决于平台的制动系统，制动系统不行，该停不住也停不住，现在这种凡是用技术的，真的有时我说要看反应能力，人真不一定行。

邓志东：

人的应急反应大约是200毫秒。

闫　科：

包括处理效率这种事，提高处理效率，没有机器的辅助，确实很难跨越。

刘向前：

去年比赛中激光雷达用得比较多，赛后交流时，我们提出对视觉算法关注的问题，从反馈情况看，有一种悲观的情绪，大家都觉得视觉处理难度很大，突破比较难，研究了这么多年，没有找到太有效的途径，普遍倾向于依赖激光雷达来解决问题。邓老师今天讲的是个很好的思路，应该受到重视。我们也关注到了，人工智能对我们这个领域的推动，现在是新一轮热潮，人工神经网络、机器学习算法研究很多都是经典的，当前依赖于大数据、GPU及硬件设备的推动。邓老师讲了，国内核心技术多处于基础研究阶段，主要还停留在各大学的研发层面，我们一直说军民融合，将来不管是军还是民，一旦要往应用上发展，我们国内可依赖的硬件支撑有什么？换句话说我们是不是必须得跟着外国人一样走这条路？有些东西确实没想透。IBM 在去年搞的芯片，国内对这个东西依赖性很大的话，国内有没有突破的可能？在这个问题上，昨天听了北京交通大学姚老师讲的很受启发，是一个思路，我们的研讨应该有点创新性想法，大家都谈仿生技术的时候，我能不能研究非仿生的概念，是不是有新的理念在里边？当然我刚才说了，人工智能是我们的一个方向，深度学习研究现在确实也热起来了，根据我们国家的情况，现在来讲还是在院校做基础的跟踪研究，但将来往应用层面考虑的时候，是不是能够都能衔接上？再往深里说，如果大家都认可这是方向，我们下一步做发展规划的时候，关键的硬件设备是不是要提到日程上来？这个问题要考虑。

关于传感器，我们还是很希望看到实用的多样化技术方案的出现。之前大家用激光雷达用得多，很多东西也是来自于民口的需求，民口需求和军口需求有很大不一样，不需要战场的隐蔽问题、隐身问题，打出一次波，在正常情况下，没有很大问题，但在战场上，主动探测实际上是有一些目标暴露的危险，也包括还有一些其他使用上的问题。我们鼓励多样化的技术探索，但是现在我想了解，新设备新技术出现了，有没有总体设计单位或者研究感知算法的单位愿意用这个东西，或者在这方面做尝试性研究？之前一些老师也提出来新型探测雷达技术，不是激光雷达的概念，国内有没有愿意跟踪这种设备开展算法匹配研究的？

李冬伟：

刚才张振海的利用结构光设计的全景镜头，我挺感兴趣的，这个镜头对车的尺寸有什么要求？第二就是车跑起来，毕竟有振动冲击，结构管网是靠光学实现的，振动冲击对结构光的结构会不会产生一些负面影响？还有就是既然是拼接，肯定有对缝的问题，如果缝这个地方正好是车道线的位置，缝这块怎么进行补偿？还有现在识别的是正负和水三种障碍，对于动态的障碍，比如行人、车辆这种障碍，能在系统里边直接给出来吗？

张振海：

关于振动的问题实际在下面可以加三轴的稳向平台，可以解决。关于缝隙拼接，我这里不涉及缝隙和拼接问题，一个光学系统全景成像。

武云鹏：

从作战来说，环境感知不仅需要感知路面，还需要感知作战目标，这应该也属于环境感知的一方面。在环境感知这块，现在也有三个方面问题需要解决，第一个就是对战场环境的感知，可以对目标全方位的感知。第二，咱们现在这种操作方式，主要是半自主。从打击这块来说，2012年国防部规定所有无人平台打击都要由人决策。咱们制定标准或者规定，是不是应该先行？甚至现在出现了人工智能威胁论，包括对自主武器有好多反对声音，我觉得先不说技术怎么样，应该从政策，从法规和标准上有这方面的先行规范。

最后想提下网络化自主协同。网上有个也门的视频，ME2在那儿停着，但是有人拿RTG几百米范围距离就把它消灭掉，我想如果说咱们有无人平台，能够实现多个无人平台自主协同的警戒，有这样一个部署，通过网络化自主协同，也能够成为低成本作战的技术。

龚建伟：

去年我们比赛的时候，在环境感知方面也暴露很多问题，草丛在车辆前面就可以把车挡住，一般我们人看到草丛会压过去，但对传感器来讲，如果算法没有专门考虑草丛的检测，就没法理解。还有目前我们用的传感器都是主动传感器，如果多个传感器在一起，比如说两台车或多台车，自己的车辆都会有一个相互干扰的问题，对于这些问题各位专家怎么考虑的？

杨悦丰：

您刚才说多车进行协同作战的时候互相干扰的问题，无论国内还是国外雷达，视场角都非常小，如果协同的话，我的接收跟你的发射之间是可以有角度差的，接收视场非常小，再加上协同，在旋转角度上相对有一个差异，所以应该不会出现相互干扰的问题。但是咱们的雷达，包括国外雷达，不能避免另一个雷达的光直接照射另一个激光雷达的接收，光直接照射可能产生对传感器的损伤。

龚建伟：

在研制开发传感器方面，国内目前这方面为什么上不去？想听听生产企业和研究所在做研制的时候遇到的困难在什么地方。

杨悦丰：

这个问题可能比较复杂，这是一个产业问题，特别涉及产业链的问题，前四五年，我们在军用雷达或者激光探测装置等方面做了一些工作。在民用领域，雷达普遍都是用来做测绘用。这几年咱们国内做进口雷达销售代理的，突然井喷式地多起来了，之前做雷达或者做雷达研究工作的人没有在意过，或者说发现这个领域。我们国家在激光雷达产业链上，只是停留在顶层应用层面，或者说是获取信息再深加工处理。核心的激光器、探测器，或者一些重要的部件级的东西，包括底层的程序、算法方面，咱们国家做得很少。国内要做雷达的话，涉及元器件、光学，特别涉及一些微光学设计，像我们在做64线雷达之前，进行调研的时候发现很多你需要的东西国内没有。我们现在正在做64线雷达，第一步应该是基本完成研发，只是有些电路系统上的变动，一些信息处理层面上采用自己的一套系统，基本都是参照64线的研发。我在做这件事情之前发现，在国内元器件方面，开始想做的是1550，现在64线雷达部分都是S2，有一个军用的，那个谱段是1550，涉及一个问题，为了隐蔽，1550的激光反射特性跟咱们现在用的905特性不一样。如果国内以后确定真的是用这种激光雷达，肯定要从905转到1550，很多之前咱们做的工作需要重新去做。我觉得我们国内的激光雷达，器件级的投入，底层的投入，可能由于之前不关注，或者说只是新兴起来，投入很少。

龚建伟：

环境感知确实是像我们刚刚提到的一样，从算法方面，跟邓志东老师说的一样，我们可以和国外在理论研究、算法研究及相关研究方面齐头并进，受制约的还是传感器技术，传感器技术跟其他关键技术一样，我们不能着急，刚才提了很多具体问题，我们总结出来就是之前关注过少，国家投入不大，还有工业基础技术问题，以及张振海老师提出来的应用需求。感知系统走入困境，大家提出很多方法，包括深度学习、感知智能，以及利用云计算、大数据技术等。

总结发言

◎ 李春明

　　这两天我也一直在听大家的发言，我本人深受启发。参加本次沙龙的50位代表来自37个单位，基于沙龙的"三个倡导，四个没有，五个突出，六个自由"的原则，大家进行了讨论，并针对无人平台的四个专题进行了专题讨论，为我们国家一些项目的发展提出了一些新的观点、新的学说，这些新的观点和新的学说为下一步平台的发展，特别是相关技术在"十三五"时期的规划，会起到很重要的推动作用。无人平台是一个新的技术领域，大家对一些军用的讨论比较多，民用的讨论得少一些，其实将来无论是战争的运用还是民生的运用，都离不开几个要素。昨天有些专家已经提出来，在未来的战争中，就是四个要素的融合，一个是物理域，一个是信息域，一个是认知域，一个是社会域，在这四个域的融合中，我们的无人平台都会起作用，在这种情况下是非常复杂的要素的融合，不是简单的一个方面的影响。今天大家提出一些新观点，从这四个方面，我简单说一下。

　　第一个，关于发展现状和趋势总结，当时大家提出一些意见，陈老师做了主题报告。按照参与程度的不同，无人平台可分为，人在环的协同作战背景、网络化的远程作战背景、自动化的全自主。我记得清华大学的老师说了三个阶段：人辅助、辅助人、全自主。在讨论的时候大家提出了一个有人无人的一些情况，特别是人在环的情况，在作战时，即使你那个平台无人，那个地方没人，整个闭环里面肯定有人。特别是任务规划时，肯定有人参与，不可能完全靠无人平台。在物理域、信息域和认知域中，认知域是作战指挥，我想无人平台作战指挥必须把现有的作战的一些理念纳入到平台里面去，即使平台无人，系统无人，整个体系也得有人。刘院士提出来电子抗欺骗、抗干扰的问题，大家都在提复杂电磁环境下的作战，我一直想问，什么叫复杂，复杂的体系标准是什么，特别是对我们研究武器装备的来讲，复杂程度的标准是什么，这个需要我们探讨，特别是过去有一个整车的标准，体系设计的标准，但电磁环境的标准是什么？

第二个是发展需求和应用前景，张兵志高工主持的讨论，这个讨论的主线非常清晰，特别提出了七个典型的应用方向，并初步得到了宏观的框架，或急需发展的一些技术或装备，这次提出得比较系统。美军提出来下一步无人平台的发展规划和技术路线图，很清晰，在无人平台方面他就是搞三件事，一个是威胁，一个是单调，一个是在恶劣环境下的应用，这个技术路线图跟这两天各位专家讨论的发展思路非常契合，特别是张兵志高工最后总结的几个结合，代表了我们的几个方向。

第三个主题，高机动行走系统。首先解决一个"过"的问题，打赢信息化局部战争的白皮书出来之后，我们国家作战的战略基点定了，意味着几个方向的地形地貌要通过去。未来战争70%在城市里，对城市战的特征要清楚，在这种情况下，我们对无人平台行走的系统要有一个具体需求，战争基点一定，对行走系统的需求基本是明确的。美国人提出通过地域要达到80%，下一步我们针对复杂的地形地貌要做好无人平台，特别是满足军事应用，无人平台行走机构的研发是一个非常重要的方面。各位专家提出了一些轮式、履带式、轮步、仿生等发展方向。

今天龚老师主持讨论了环境感知与传感器的发展方向，环境感知是实现地面无人平台自动行驶的重要前提，这是非常重要的。清华大学的邓老师提出深度学习、云计算，还有北理工的张老师提出的关于传感器的一些新鲜想法以及各位专家的发言，对下一步的发展提出了很好的建议。环境感知技术的发展趋势，总结出来一个是感知智能或认知智能，还有基于云计算和大数据的分布式计算。

这次沙龙上我们提出一些新的学术上的创新，特别是从移动的仿生方面，我昨天下午听了姚燕安博士关于无人平台的一些观点，确实是学术上的创新。各位专家也提了一些新的观点，我们将会总结到学术报告里，为平台的发展提供新的思路。

现在看出来，有人无人结合是体系作战下一步的发展方向，作为作战体系不可缺乏的元素，无人平台有非常广阔的前景，在民用上，包括一些安保和服务机器人，还有其他机器人也大量出现，机器人是一个前景广阔的朝阳产业，在座各位专家也肩负着发展我们国家的无人平台的使命。我觉得本期学术沙龙的成果，将对我国无人平台的发展产生深远的影响，相信我们的地面无人平台很快会融入我们的作战体系，也很快融入民生。

专家简介

（按姓氏汉语拼音排序）

陈慧岩

　　北京理工大学教授，博士生导师，工学博士。享受国务院政府特殊津贴。主要从事地面无人机动平台技术、智能车辆技术、车辆传动技术研究工作。承担国家自然科学基金重点项目、"863"计划项目多项，已发表学术论文100余篇、专著5部。曾获国家科技进步奖一等奖1项，部级科技进步奖一等奖1项、二等奖6项、三等奖2项，国家教学成果奖二等奖1项，北京市高等教育教学成果奖一等奖1项，北京市优秀教学成果奖1项。

陈　劲

　　中国嘉陵工业股份有限公司（集团）副总工程师、特种车研发中心主任。擅长全地域车辆总体设计，对特殊地域的地面力学、车辆通过性能等方面进行了深入钻研。近年来获得专利30余项，其中作为第一专利授权人的发明专利5项。获得过兵装重大科技创新成果奖、国防科学技术奖三等奖、重庆市科技进步奖二等奖等科技奖。获得"2013年中央企业劳模"荣誉称号。

崔　颢

　　总装某论证中心研究员。主要从事武器装备发展体系和规划论证研究，无人系统总体论证等工作。曾获军队科技进步奖一等奖、三等奖多项。

邓志东

清华大学计算机系教授，博士生导师。曾任"863"计划智能机器人主题专家组组长助理。目前的研究方向包括：先进机器人、无人驾驶汽车、人工智能、深度神经网络、计算神经科学等。先后主持或参与国家级重点科研项目30余项。设计并试制了具有通用接口的标准化无线传感器网络硬件节点系列，该成果获2项国家发明专利授权，另获软件著作权登记2项。曾参与组织"863"计划机器人技术主题重大专项"大型全断面隧道掘进机与地下管线非开挖作业机器人"的可行性论证与立项建议工作，推动了国产大型盾构机器人的研发进程；负责或参与组织我国机器人模块化标准体系结构研究发展白皮书草稿、蓝皮书草稿等机器人发展战略报告的撰写。

段海滨

北京航空航天大学自动化科学与电气工程学院副院长，教授，博士生导师。主要从事基于仿生智能的无人飞行器自主控制技术研究。作为项目负责人主持无人机相关领域的国家自然科学基金项目5项、国家"863"计划项目9项、总装预研基金项目4项等。曾入选国家杰出青年科学基金、"万人计划"——中组部首批青年拔尖人才、教育部新世纪优秀人才、北京市科技新星等，曾获中国青年科技奖、全国优秀科技工作者、中国青年"五四"奖章、北京青年"五四"奖章、茅以升北京青年科技奖、吴文俊人工智能科学技术创新奖一等奖、中国航空学会青年科技奖等奖励和称号。

段连飞

陆军军官学院无人机系教研室主任，博士，副教授，硕士生导师，军队优秀专业技术人才岗位津贴获得者。主要从事无人机任务载荷、无人机信息处理、遥感、图像处理、摄影测量等领域的教学和科研工作。近几年来，主持了包括"无人机信息处理系统""无人机载 SAR 图像定位系统""无人机航空像片全数字定位系统""无人机视频图像定位系统"在内的多项省部级重点课题的研究，带领团队在无人机信息处理领域开发了多个具有自主知识产权的产品。先后获省部级科技进步奖二等奖4项、三等奖8项，拥有国家、国防专利15项，软件著作权6项，主编参编专著教材15部，在国内外学术期刊以及学术会议上发表文章60余篇。

方力频

哈尔滨第一机械集团有限公司总师，曾先后担任外贸多种型号自行炮副总设计师，国内某型号自行炮底盘副总设计师；参与多种型号抢救车开发工作；担任铰接式全地形车系列车型的项目总设计师。先后多次获中国兵器工业集团公司科学技术奖及QC活动先进个人等。

高海波

机器人技术与系统国家重点实验室副主任，哈尔滨工业大学机电工程学院副院长，教授，博士生导师。主持了多项"973"课题项目、国家自然科学基金面上的项目、"863"计划项目以及国家重大专项等科研项目。曾获国家技术发明奖二等奖、黑龙江省技术发明奖一等奖、总装备部军队科技进步奖一等奖、总装备部军队科技进步奖二等奖。出版专著 1 部 (《月球车移动系统设计》), 授权发明专利 17 项。授权软件著作权 2 项, 受理发明专利 22 项。

龚建伟

北京理工大学机械与车辆学院教授, 博士生导师。主要从事地面无人车辆理论与应用技术研究。所在实验室为 2008 年度地面无人平台国防科技创新团队、2015 年度工业与信息化部无人车技术重点实验室、2013 年度教育部仿生机器人与系统重点实验室。作为负责人在研项目包括地面无人系统基础预研项目多项、国家自然科学基金重点项目和面上项目各 1 项。

贾小平

装甲兵工程学院机械工程系教授, 装甲车辆总体设计与论证方面的学术带头人, 总装备部装甲车辆动力与传动技术专业组成员。主要从事军用车辆工程一线教学与科研工作。先后完成纵向和横向科研课题 40 多项。曾获军队科技进步奖二等奖 5 项、三等奖 16 项, 北京市发明创新大赛金奖和国际发明博览会银奖 4 项, 中国产学研合作创新成果奖 1 项。获国家发明专利授权 11 项, 实用新型专利授权 24 项。编写教材、专著等 10 本。多次被评为优秀教员、优秀教员标兵、优秀硕士生指导教师和全军育才奖银奖。

李春明

研究员, 中国兵器首席专家, 总装备部科技委兼职委员, 装甲车辆与动力传动技术专业组组长, 教育部高等学校教学指导委员会委员, 新世纪百千万人才工程国家级人选。享受国务院政府特殊津贴。长期从事车辆总体系统集成、综合电子系统、武器控制系统等创新技术的研究与开发。主持完成了 20 余项国家重点装备与技术的研发，先后担任 4 项国家重点型号总师、副总师和 1 项国家重大背景项目总师。曾获国家科学技术进步奖一等奖 3 项，省部级科学技术进步奖一等奖 2 项、二等奖 2 项。申报专利 9 项，出版专著 1 部。2014 年获国防科工局"十大科技创新人物／团队"和中国科协"全国优秀科技工作者"称号。

李贻斌

工学博士，教授，博士生导师，山东大学机器人研究中心主任，控制科学与工程学院副院长，国家自然科学基金委员会第十二届、十三届专家评审组成员。享受国务院政府特殊津贴。主持承担和完成国家级项目 8 项，其中"863"计划课题 5 项，国家基金课题 3 项。研制出我国第一台隧道喷浆机器人、液压驱动四足机器人。曾获国家科技进步奖二等奖 1 项，省科技进步奖一等奖 2 项，省教学成果奖一等奖 1 项，山东省十大科技成果奖 1 项，国家煤炭工业十大科技成果奖 1 项。

李清波

研究员级高级工程师，硕士学历。从事坦克装甲车辆平台总体技术研究工作，在自行火炮及特种车辆领域对底盘总体技术、车炮总体匹配技术有较深入的研究。

刘 进

兵器地面无人平台研发中心副主任，研究员。总装新概念专业组成员、指挥与控制学会无人专业委员会委员。一直从事坦克装甲车辆研制工作，从"十一五"开始从事地面无人平台领域的总体、综合决策控制、高适应行走等方面的研究工作，担任总装地面无人平台相关预研项目负责人。曾获

多项国家专利、国防科技进步奖。

刘尚合

中国工程院院士。军械工程学院静电与电磁防护研究所所长，教授，博士生导师。主要从事静电与电磁防护方向的研究生教学和科学研究工作。先后获国家科技进步奖一、二等奖、全国科学大会奖和军队或省部级科技进步奖一、二等奖 11 项，军队教学成果奖一等奖 2 项，获中国静电研究与应用重大贡献奖、中国人民解放军专业技术重大贡献奖和何梁何利基金科学与技术进步奖，荣立一等功 1 次、二等功 1 次、三等功 2 次。获国家发明专利 12 项，出版专著 3 部，发表学术论文 200 余篇，指导的博士研究生论文获全国百篇优秀学位论文 1 篇、省部级优秀学位论文 10 篇。被评为全国优秀教师、全军优秀教员、全军英模代表、总装备部优秀共产党员。

刘向前

总装装甲兵装备技术研究所一室高级工程师，总装陆装科研订购部"地面无人系统论证中心"总体论证组组长，国防"973"项目"陆用多智能体协同的控制与优化基础研究"专家组成员。主要从事装备论证工作。先后负责我军地面无人系统的顶层规划论证与作战使用研究等多项重大课题，是"跨越险阻 2014"首届地面无人平台挑战赛论证负责人。此外，作为装备型号论证负责人，先后负责多种车型的论证，这些型号均已经定型并批量装备部队，军事效益显著。撰写论文与专题报告 30 余篇，参与编写专著 4 部。曾获军队科技进步奖一、二、三等奖多项。

刘昕晖

吉林大学机械科学与工程学院副院长，工学博士，教授，博士生导师。主要从事特种工程车辆、流体传动及电液控制、工程机械电液控制、工程车辆液压系统节能技术等研究工作。曾主持研究与越野机动平台有关的"863"计划项目。发表研究论文 80 多篇。曾获吉林省科技进步奖二等奖 1 项，武警科技进步奖二等奖 1 项。

卢志刚

中国兵器工业北方信息控制集团有限公司科技带头人，研究员级高级工程师，火控系统研发部副主任，硕士生导师。主要研究领域有：车载武器火控系统、网络化火控系统、武器平台信息化、指挥与控制一体化等。先后主持和参与军品型号项目与预研项目 20 余项，主持和参与编制国家军用标准 2 项。先后获得国防科学技术进步奖 5 项、中国兵器工业集团科技进步奖 6 项、山西省国防科技工业技术创新成果奖 1 项。获得专利授权 4 项、专利受理 14 项。获得山西省国防工业系统十大科技标兵称号，获得中华人民共和国国防科学技术工业委员会授予的个人三等功 1 次。

马春茂

兵器科技带头人，西北机电工程研究所科技委专职委员和外贸 SR5 型多管火箭炮武器系统总设计师。曾获机电部科技进步奖一等奖 1 项，兵器工业部科技进步奖一等奖 1 项，国家国防科技奖一等奖 2 项，兵工集团公司科技奖一等奖 3 项、二等奖 1 项。荣立国防科技工业武器装备型号研制个人一等功、集团公司 60 周年阅兵一等功。荣获陕西省有突出贡献专家、兵器工业总公司优秀中青年科技工作者等称号。

马宏绪

国防科技大学自动控制系教授，博士生导师。长期从事机器人与自动化领域的教学和科研工作。在两足步行机器人和仿人型机器人、机器人控制技术的研究方面作了大量的开创性工作。先后承担了多项"863"计划、国家自然科学基金以及校预研等项目的研究工作，取得了多项高水平科技成果，其中获得部委级科技进步成果奖二等奖 2 项、三等奖 3 项。获国家专利 10 项。发表学术论文百余篇，合作编写《神经网络自适应控制》。目前，带领科研团队主要从事四足仿生机器人、机器人外骨骼、仿人机器人等方向的研究工作，承担了"863"计划重点项目、国防预研项目、国家自然基金等多项科研任务。

苏 波

研究员，博士。中国北方车辆研究所信息与控制技术部主任，兵器地面无人平台研发中心副主任，中国兵器工业集团公司地面无人平台领域科技带头人。中国兵工学会高级会员、中国指挥与控制学会青年委员会委员和无人系统专业委员会委员、中国农业机械学会地面机械系统专业委员会副主任委员、装甲兵工程学院陆战平台全电化技术重点实验室学术委员。

苏治宝

兵器地面无人平台研发中心主任助理。主要负责研发及管理工作。主持或参与的主要研究工作包括："十五"某部×××系统总体技术研究项目、"十一五"某部×××平台总体技术研究项目、"十二五"某部×××系统总体技术研究项目以及有人/无人平台协同技术研究，负责总体方案设计及协同技术研究。

孙雅辉

研究员级高级工程师。从事自行火炮技术管理工作，在自行火炮的可靠性分析及项目管理方面有较深入的研究。

王 伟

《机器人技术与应用》杂志副主编。曾参与总装、科工局微小型武器系统研究，主持参与"863"计划重点课题机器人模块化体系研究和机器人模块化标准研究等课题。熟悉国内外机器人发展现状，了解国内机器人市场状况。

王显会

南京理工大学车辆工程系主任，教授，南京理工大学车辆工程研究院院长。主要从事车辆结构安全与防护、汽车零部件现代设计与分析等领域的教学和科研工作。作为项目负责人完成了江苏省重大科技成果转化、江苏省六大人才高峰、江苏省科技支撑、总装型号、总装军内科研和外贸型号等国家省部级项目20余项，企业合作项目多项，在研国家自然科学基金和总装项目多项。发表论文60余篇，论著2部，专利30余项。完成科研鉴定3项，获南京市科技进步奖一等奖1项，江苏省科技进步奖一等奖1项。

武云鹏

北京理工大学车辆工程专业博士，北方自动控制技术研究所高级工程师。主要研究领域有：火力指挥与控制、网络化火控系统、智能控制等。

熊光明

北京理工大学副教授，硕士生导师，工学博士。主要从事智能车辆技术、移动机器人技术研究。承担国家/部委项目多项，发表 SCI/EI 检索论文 40 多篇，参编专著 4 部，受理/授权国家发明专利 10 余项。

闫　科

中国人民解放军石家庄陆军指挥学院军队指挥系副教授，作战指挥学博士，武器系统运用工程博士后，硕士研究生导师。主要承担陆军作战指挥理论与实践教学任务，多次参与总部信息系统建设需求论证与效能评估科研工作，多次参与总部、各军区组织的军事演习活动。曾任××工程一体化信息系统军事指导组成员，军队武器装备"十三五"规模编制专家组成员，新一代信息系统需求论证组组长。主编出版 5部专著，先后获军队科技进步奖一等奖 1 项、二等奖 1 项、三等奖 10 余项。

杨秀月

总装备部轻武器论证研究所总体论证室副研究员。主要从事轻武器装备军事需求论证、轻武器发展规划论证、轻武器装备编配等研究。主持及参与完成了 2030 年前轻武器装备体系和发展路线图论证；2030 年前轻武器技术发展战略论证；"十二五""十三五"轻武器装备型号研制规划和预先研究规划论证、单兵/班组地面无人作战平台预研背景项目等30 余项。获军队科技进步奖三等奖 4 项，被评为总装备部陆军装备科研订购部"十佳科研尖兵"。

杨悦丰

主任设计师，航天科工集团三院第八三五八研究所环境感知激光雷达项目负责人。主要从事激光雷达、激光制导、激光引信等方向的产品研发及相关预研工作。

姚燕安

博士，北京交通大学教授，博士生导师，教育部新世纪优秀人才，教育部载运工具先进制造与测控技术国防重点实验室执行副主任，联合国教科文组织高等教育与产业合作教席研究员。在学术理论方面，初步形成机构与机器人学领域一个新的分支研究方向。在应用方面，研制出多足步行山地运载平台、拟态伪装机器人等数款我国原创概念和完全自主产权的地面无人平台。迄今，授权发明专利52项，获省部级奖励2项，技术转让批量生产机器人产品20余种。

余贵珍

副教授，北京航空航天大学交通学院系主任。主要研究方向为车辆智能控制与感知，承担车辆智能化方向的本科和研究生教学科研工作，作为项目负责人承担"863"计划、国家自然基金和国际合作科研项目10项，授权发明专利10项，省部级科技进步奖3项。主持负责多项国家（"863"计划）课题以及国家自然科学基金项目。

翟利国

内蒙古北方重工业集团有限公司副总设计师，研究员级高级工程师。享受国务院政府特殊津贴。先后获得获国家科

技进步奖二等奖 1 项，国防科技进步奖一等奖 2 项、三等奖 1 项。并荣立国防科工委个人三等功 1 次。

张兵志

装甲兵工程学院研究员，地面复杂系统仿真国防科技重点实验室副主任，博士生导师，北京理工大学兼职教授。享受政府特殊津贴。长期从事装甲车辆领域装备与技术的综合论证，主持我国装甲车辆发展战略、体制系列及规划计划宏观论证，主持新型主战坦克、两栖装甲突击车、轮式装甲车系列等综合论证，在体系结构顶层设计、系统集成创新和平台信息化方面取得重要突破，推进了创新型体系建设。出版著作 3 部。曾获国家科技进步奖二等奖 4 项，军队一等奖 4 项，以及何梁何利基金科学与技术进步奖、军队杰出专业技术人才奖、全国优秀科技工作者等奖励和称号。领衔的"装甲装备总体论证团队"获全军科技创新群体奖。

张　鹏

内蒙古一机集团科研所副总设计师。曾作为我国某型号主战坦克总体专项组副总研究师参与研制。

张朋飞

博士，研究员，兵器地面无人平台研发中心无人平台总体技术专业团队科技带头人兼总体研究部部长。主持研制了中型履带式地面无人平台演示样机"利剑"，组织开发了基于人机智能融合的远程遥操作控制系统和基于多传感器信息融合的半自主导航控制系统。参加某背景项目，设计并实现了地面无人机动平台行走控制模式的无缝智能切换系统，主持开发了无人机动平台的综合管理控制系统，牵头开发了某自主扫雷车机动系统。拥有 1 项发明专利。

张豫南

装甲兵工程学院教授。主要从事无人地面、电驱动、全方位平台技术的研究工作。主持完成科研项目 20 多项，其中预研项目 7 项，军内重点项目 6 项，合作"863"计划项目 1 项。在国际上首次研制成功履带式全方位移动平台，并申请了国际发明专利。曾获国家科技进步奖二等奖 1 项，浙江省科技进步奖一等奖 1 项，军队科技进步奖二等奖 3 项获、三等奖 3 项，获国家发明专利授权 4 项、国防发明专利 3 项、实用新型专利 6 项、软件著作权 3 项，受理国际发明专利 2 项。

张振海

工学博士，日本名古屋大学博士后，副教授。国家自然基金委项目评审专家。作为负责人和主要科研骨干主持和参加国家自然科学基金面上项目、"十二五"国防基础科研重大项目和重点项目、教育部博士点基金项目、科研基地科技支撑等项目，开展无人车环境感知、识别与控制，弹载 MEMS 传感与测控，仿生微纳机器人相关研究工作。科研成果申请国防发明专利 30 项（第一发明人），其中获得授权的有 24 项；参与编著《强冲击试验与测试技术》学术著作。

朱丽芳

中国嘉陵工业股份有限公司（集团）特种车研发中心工程师。参与了 8×8 轻型全地形车一代、二代的产品研发任务，现主要任嘉陵无人车 ×× 项目主设计师。迄今，完成了 3 项发明专利和 2 项实用新型专利的申报，均已得到知识产权局受理。

邹 丹

中国兵器工业第二〇八研究所无人化装备技术研究室主任，全面负责研究室的科研和日常管理工作。先后参加了多项国家科研项目，目前作为"十二五"总装预研背景项目"单兵／班组无人作战平台"的副总设计师，全面负责项目的总体设计和技术管理工作，负责"双目视觉导航和激光扫描融合技术研究"工作。曾获中国兵器工业集团公司科技进步奖一等奖，并多次获所级技术创新奖。

学术秘书

孙 岩

中国兵工学会学术与组织管理部主任、高级工程师。从事学术交流、学会组织建设与会员服务、科技奖励与人才举荐等工作。多次组织、策划或参与中国科协、中国科学院、中国工程院的各类学术交流活动。

葛 萌

中国兵工学会学术与组织管理部干部、工程师，教育学硕士，从事学术交流的相关组织工作。

部分媒体报道

编者注：2015年第10期《兵器知识》以漫画形式对此次沙龙进行了报道。报道全面总结了本次沙龙中产生的"三新"，即新观点、新提法、新思考，利用诙谐幽默的语言进行阐述，使得这"三新"更具体化。现将全文复制如下，以飨读者。

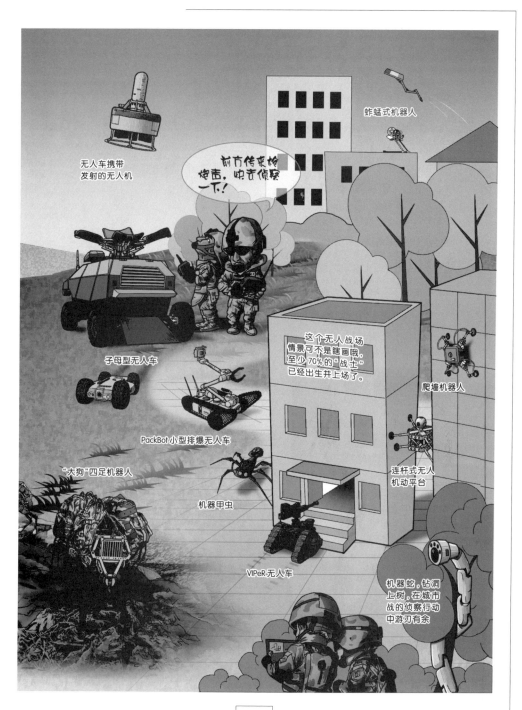

民用无人车和军用无人车

会议刚开始,很多专家就谈到了现在无人车在民用方面的研发风潮。农业灌溉、采集、种植方面,无人车已经有了广泛应用。工程方面,澳大利亚人走得比较快,已经有无人的大型矿石运输车,执行那种千篇一律的重复路线、单调乏味的工作。

现在很多行业的大牌公司也在进军无人车市场,比如谷歌、百度、IBM、LG、高德、奔驰、宝马、奥迪。

随后在民用、军用无人车的关系上,专家们既有共识,也表达出一些不同看法。

大多数专家都承认,军用无人车要比民用无人车难得多,因为它面临的环境复杂得多。

民用无人车,基本只在正规道路上行驶,事先就能有详细的电子地图。因此它的重点技术在电子地图、通讯联网、障碍物探测和识别——→

我们的差距

和国外相比,咱们在无人车上的差距还是不小。国外已经有各种类型的无人车投入试验甚至实战,大到右边这种近10吨类似步兵战车的,小到背包携带,甚至手掌大小的。一方面的原因是我们在顶层设计、战略规划方面还不深入,现在的无人系统发展机制不是很适合它涉及到的庞大技术群。另一方面,则是国情、思想上的不同。或者说,咱们应该像美国那样花大价钱研制很多高级无人系统吗?

各国都曾对无人系统的自主化水平进行过分级，10级的、5级的、甚至十多级的都曾有过。因为这是件挺难的工作，分类标准太多。不过简单来说可以分为三级。最简单的就是遥控，无人车自己不做任何决定。中间级是它能自己处理障碍物等情况，按指示或规划行动，必要时才问操作员。高级的，是得到命令后就能自己完成，你问它它才搭理你。当然还有个更高级，就是它自己规划任务的水平，完全达到甚至超过了你。

——→而军用无人车，要在未知的环境中行动。不仅是路线情况、地面状态不清楚，前面等着它的是什么都未必知道。这些都得靠实时系统去探测、认知。

现在军用无人车的自主化水平、发展热度，都不如民用无人车，这就使很多资金、人才跑到民用无人车方面了。于是有专家提出，军用无人车应该怎么发展，制定什么样的规划，才能更好地吸收各种资源，以免很多专用技术得不到持续发展。

美国"黑骑士"无人战车，几乎像半大的M2步兵战车。以后这种车会代替一部分坦克，因为它体积小，加减速比普通坦克快得多，受伤后不易致命。

连小国阿联酋都推出了无人战车，火力为四枚火箭筒。"三角轮"适合在雪地、沙漠上行驶。

向美国人学习吗？

专家们显然分两派。一派认为，美国人在实战中，都是先以完全非对称的优势，把敌方的信息指挥、主要军力都摧毁，再用机器人完成一些特殊任务。这和我国面临的安全环境、作战样式显然不同，因此咱们对无人系统的需求，先不是排爆、作战之类的，而是哨所值守、边界巡逻、重要目标安防等。因此在技术发展道路上，也和美国差别大。

一方则认为，发达国家在无人系统方面还是有很多优势，我们现在还是应该跟踪他们的脚步往前走、学习，到一定阶段后，找出适用我国国情的一些需求，再走自己的道路。

以色列在无人系统发展方面就很有自己特色，最看重无人车的巡逻警戒功能。"保护者"不仅已成功用于很多重要地域、边界，还发展出三代了。

无人车比无人机、无人艇

有以上争论，也是因为无人车的技术难度不小，咱们不能像美国那样铺大摊子。于是专家们的讨论又涉及到另一个问题：无人车的技术难度和无人机、无人艇、无人潜航器比，怎样？大家一致认为，它更难。

根源在环境。

无人机、无人艇周围的空气、海水，对它们的运动影响很小。而无人车，要应对各种障碍物，找出合适的路线。即便在规整的道路上行动，也有一个困难，环境反馈——路面、坡度等，会对无人车的动力系统产生变化的反作用。一台车用发动机，在坦克上即便只能用500小时，放在船上后用几千小时也没问题。

对环境识别的解析度（也就是清晰度），无人机只需要几十米，无人车差半米就可能掉沟里。因此GPS对它来说根本不够用。再就是通讯，受各种遮挡，有些地方可能都没有无线电信号。所以无人车要想像无人机那样完成一次"定点清除"之类的任务，可得耳聪目明上好几十倍。

无人车应该多聪明

"魔爪"无人车，曾是知名度最高的排爆机器人，随美军在阿富汗、伊拉克执行过数万次任务。后来美军给它加上机枪，变成无人战车。在伊拉克试用不久，就传出它瞄准操作者自己的事故。这还是遥控型的，要是自主能力更高，也就是更聪明的无人车呢？怎样保证它不聪明地干错事？

会上对无人车究竟应该多"聪明"，有相反的观点。

无人车既然要上战场，那活动半径要能超过10千米；能全天候行动，昼夜雨雾雪都不怕；高机动，能前往没经历过的野外环境。

不要过分关心它的智能水平，重要的是在复杂环境下能不能用，通讯可靠。500米就够了，200米都行，因为这东西不能离我太远，太远了我没法放心，它传回的信息我还未必能信呢。这无人车，最重要的是替代我去执行一些危险任务，所以我这人能在控制回路里，它的智能高低还有啥关系？笨点，不过是增加点我的工作强度，但我能联系上、看到它，就好用了。因此此我建议，先从规则路面、城市作战入手，先简单，好让我们更早更快拿到可用的装备。

无人车怎么来

上述争论直接影响到无人车的底盘怎么研制，特别是大中型无人车。因此有专家认为，无人车的平台直接用有人车改过来就行，就像右边这种美国空军的搜索侦察无人车，全地形车加控制设备、机枪，搞定。大多数专家则认为，军用无人车应该用全新研制的底盘，不用考虑人乘坐。它要什么路都能走，不怕摔不怕碰，坠落以后还能开。这样一能降低自主驾驶技术的难度，二能提高机动性。

左边"粗齿锯"这么开，显然是无人才容易办到，战术效果也会好一些。可一旦出现控制问题，就很容易失去作用。作战无人车特别是大型无人战车，这方面要多权衡。对应用更广泛的小型无人车，不存在坐人的问题，但基本上都要求能扔来扔去。这种"龙腾"无人车还能在轮子外套圈履带，适应不同地形。

无人车的武器也有一些专家提及，因为要适应它底盘轻、后坐力承受差等情况。现在对于小型无人车，榴弹发射器是个不错的选择。

无人车和无人平台

你可以能已经注意到，沙龙的名称是"无人机动平台"，不是"无人车"。最初在地面、能移动的无人平台都是车结构的，所以大家都习惯这样叫。后来不光是轮子了，样式越来越多，都有了"大狗"这样撒腿跑路的。因此此在行业里，"无人平台"、"无人系统"用得越来越多。也有不机动的无人平台，比如无人值守侦察器，但技术难度显然要比无人机动平台小。

该叫机器人吗?

"机器人"一词无论在公众还是行业内都很常用,它来源于英语"robot"。有专家就提出,咱们当初翻译这个词时不够准确。美国人把他们研制的"多用途通用/后勤装备车辆"(英文缩写MULE)也算做"Robotic Combat Support System",机器人战斗支援系统。mule意译过来是"骡子"。现在经常在新闻里露面的"大狗",英文里称为"rough-terrain robot",全地形机器人。国内也把这类无人机动平台称为"四足机器人"。真像人的机器人,各国都有研制,比如右边俄罗斯那种,能开车打枪。但骡呀狗啊的,四条腿、六条腿的,还叫某某人,确实别扭。

多形才能多行

机动水平要高,单靠车轮、履带已经不够了。像MULE这样,六个轮子装在摆动臂顶端,能灵活调整。爬台阶,趴下隐蔽,走斜路,都轻松应对。

有专家认为无人机动平台所需的关键技术可分为两大群。一是自主行为技术群,主要是感知、规划、导航、协同等智能技术。二是支撑技术群,包括人机交互、动力、机动平台、任务载荷等。

下面是"安德鲁"排爆无人车,行动装置由8个轮子、6条履带组成,抓地能力很强,可以拖拽重量级的可疑爆炸物。还可以插上4个轮胎,提高在平地的机动速度。这种轮履混合,以及多履带组合的行动装置,在中小型无人车上很普遍。有的还把车体做成分段的,能俯仰、扭转,即便依靠小车轮也可爬坡,适应歪斜路面。

无人平台的眼

要保证顺利机动,无人平台的探测器、环境传感器是重点。最早除了光学摄像头,无人车一般都要带激光雷达,扫描探测周围物体的距离,形成立体的环境图,这样才能规划行驶路径。为了保证足够的探测速度、精度、范围,它总是在周围装上几个探测器。很多专家都结合我国2009年的无人驾驶汽车项目、去年的"跨越险阻2014"首届地面无人平台挑战赛,提出在传感器上要做到两点。一是减法,好无人平台都是传感器使用尽量少的。二是不能依赖主动激光雷达太多。有美国人用60美元做出了一套干扰器,就能让激光雷达失效。解决办法是发展我国激光系统产业,开发其它类型的激光器。

也有专家介绍了一种可快速识别障碍的传感器。它向前方打出一条条横向激光线,同时上方的摄像头通过一个光学窗口拍摄360度图像。如果有障碍物,比如小土坡,这条线看起来就会有凸凹,对线条进行处理,就能识别出障碍物,还水坑。它数据处理简单,成本低,有利于无人车快速行进。

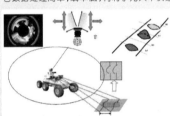

走遍天下还不够

美国空军还曾资助研究过右边两种无人机动平台。一个是用六片旋转的片状物当腿,能适应抗洼地面。

另一种干脆爬上墙了,通过一套吸盘贴到墙上。类似系统在玩具上也能见到。对于军用无人平台来说,光在地上走显然不如飞檐走壁过瘾。

小型无人车上还经常出现一些结构灵巧的机动方式，甭说四轮、两轮，独轮也行。

哑铃状的双轮无人车，已经用于室内侦察。

日本的轻型侦察机器人，像个球抛入房内，然后展开，中缝里露出摄像头窗口，两侧伸开小轮保持稳定，走起来也很灵活。

瑞典的球形侦察机器人，靠摆动体内的设备重心位置，实现滚动、倾斜。内部结构有点不倒翁的味道。

左边是蚱蜢型机器人，跳动的前进方式更容易越过障碍、沟缝。右边的机器蛇，已经在以色列、美国投入试验，在丛林里会很好用。

在小甲虫上安装窃听器已不算难，微型摄像头也有可能，这就是一个无人间谍。但要通过电子设备控制生物体的运动，还需在生物工程学上加深研究。

仿生不仿生

"大狗"、机器蛇，还有空中、水下无人系统，很多都在向动物的运动方式学习，也就是"仿生机器人"。但对于它的未来，专家们显然有不同看法，提出了两种很新颖的思路。

搞无人自主机动平台十多年了，感觉非常费劲，因为环境识别问题和规划问题都很难。现在"大狗"很热，但我认为实践意义不大，因为它除了行走控制，还面临一个能量密度问题（就是电池）。要让它，或者更小的无人平台长时间机动，很难。

我提出一个观点：别仿生了，直接在生物上面做。选择范围广，比如大象能载重，小猫小狗灵活。这样能解决困扰我们的几个大问题。

现在研制生命体机器人，理论技术上已经可行，但存在伦理问题。咱们是不是可以尝试非生命体的活体。利用生物技术培育出一些活体，比如动物鳃，就像在老鼠上培育出人耳。它是可生长型的活体，但还不是一个自然生命体。把它和其它机器人技术结合起来，就能形成一种混合结构的无人平台。

 +  =

理论上的腿

有专家把无人平台的机动，从工程机械层面提升到数学理论层面，设计出连杆式地面移动系统。简单地说，它就是由一些可伸缩、弯折的连杆组成的框架，比如简单的四面体；改变各连杆的长度，就能变

换自己的外形、重心等动作，从而实现滚动、翻越、钻洞等动作。通过向两侧反复伸展各个关节，它还能在缝隙间攀爬。美国NASA也有这样的研究项目。

在他们看来，人类最成功的工具系统不是仿生的，是没有任何动物能长出来的，那就是轮子。它更多是力学、物理学上的东西。

好好学习 天天向上

不仅是无人机动平台，还有机器人、无人机，甚至对自动监控系统来说，环境、图像识别都是一个关键技术，也是人工智能的重要基础。据专家介绍，现在国外针对智能技术的复杂性，正在尝试让机器人自己学习。它们的大脑是神经网络结构计算机，不再需要事先输入什么是狗什么是树这类知识、规则，而是通过输入海量资料，让计算机自己逐渐看懂、学会这些知识。近几年掀起的一股人脸识别大赛热，就与此有关。现在拿出两张照片，看出他们是不是同一个人，计算机看的成功率已经超过人了。除了人脸，道路、场景等各种知识都可以让计算机学习。

计算机把人脸上的一些特征提取为线条，存入数据库，然后以此进行比对识别。

嗯……

这样的系统，用到咱们无人侦察系统上就很好啊！从介绍的情况看，侦察效果、速度都要比侦察兵强。

这是一个人和一只狗。

这是一辆小的汽车。

人多力量大

无人系统的另一大发展趋势就是协同化。这次虽然以地面无人机动平台为主，但也有专家介绍无人机协同自主飞行的最新发展。美军从2005年开始研究如何模拟蚁群、蜂群。国外已经有一些大小无人车、无人车与无人机结合在一起的组合式系统用于战场试验。